はじめて学ぶ

世界遺産50

世界遺産検定4級公式テキスト

第4版

[監修] NPO法人世界遺産アカデミー／[著作者] 世界遺産検定事務局

60 W
World H

本書の使い方

本書は、2024年9月時点の世界遺産の中から、日本の遺産25件と、似たような特徴をもつ世界の遺産25件、そして代表的な世界の遺産10件の合計60件を取り上げています。5章構成で、「英語で説明しよう！」や「くらべてみよう」など、楽しく学べる内容になっています。

1 世界遺産の基本情報

遺産保有国名、遺産名（和名、英語名）、登録年、登録基準などの基本情報です。

2 世界遺産の特徴を示す登録基準

認められている登録基準の中から、特徴的なものを解説しています。

3 世界遺産の種類

文化、自然、複合遺産の種別と、危機遺産などの情報をアイコンで示しています。

文化遺産　自然遺産　複合遺産　危機遺産

4 動画

公式YouTubeチャンネルに解説動画がある遺産にはマークがついています。右のQRコードから動画ページへアクセスできます。

5 重要語句

重要なキーワードは赤太字と黒太字になっています。日本の遺産は、赤太字2つ、黒太字1つでわかりやすく。

6 くわしい説明

日本の世界遺産は写真や地図などで、また、難しい語句は★印をつけて欄外で、くわしく説明しています。

7 似ている遺産はコレ！

日本の遺産と、特徴や遺産価値の似ている世界の遺産を解説しています。

8 英語で説明しよう！

日本の遺産の特徴を英語で説明しています。暗記するのにちょうどよい長さです。

日本語訳は、公式HP（www.sekaken.jp）の公式教材「4級テキスト」のページか、右のQRコードから確認してください。

はじめに

2022年2月に始まったロシアによるウクライナ侵攻は世界を大きく変えました。多くの国や人々が不安になり、平和に対する不信感すらもちつつあります。こんなとき、世界遺産活動は無力で後ろに追いやられてしまいそうです。しかし、こんな時代だからこそユネスコの世界遺産活動は力を発揮することができます。

多文化交流においては、相手のことを知りたいという好奇心に加えて、自分の国や文化、自然環境のことをどれだけ知っているか、それを相手に伝えることができるか、ということが重要になってきます。

多文化交流の場でコミュニケーションの手段として使う「共通語」が英語だとしたら、世界遺産はまさに「共通の話題」だと言えます。168の国と地域が世界遺産をもっており、それは世界中の約8割の国と地域に相当します。つまり世界遺産の話題というのは、世界中の多くの人々にとって関係があり、そして関心のある話題なのです。

そうした世界遺産を学ぶということは、ただ個別の遺産についてくわしくなるということではありません。世界遺産条約の背景にあるユネスコの平和理念を知り、その理念に沿って登録されている多様な世界遺産の価値を学ぶ。それは自分の住む国を見つめなおし、世界に関心を向け、平和を実現する第一歩になります。世界遺産検定の学習が、世界に向けて一歩を踏み出す若い人々の勇気と力になることを願っています。

NPO法人
世界遺産アカデミー
世界遺産検定事務局

ウクライナ『キーウ：聖ソフィア聖堂と関連修道院群、キーウ・ペチェルーシク大修道院』

目次

3 世界の世界遺産

4 くらべてみよう

5 資料

1 世界遺産の基礎知識

世界遺産の基礎知識は、「世界遺産の見方」を知るものです。世界遺産条約や世界遺産の種類、世界遺産条約誕生のきっかけ、登録基準などを知ることで初めて、世界遺産の本当の価値を知ることができます。

※2024年9月時点の情報に基づいています。

基礎知識 1 世界遺産とは？

世界遺産のもつ「顕著な普遍的価値」

世界遺産とは、**世界遺産リスト**に記載された、「**顕著な普遍的価値**（けんちょ ふへんてきかち）」をもつ建造物や遺跡、景観、自然などのことです。

どの国や地域の人でも、いつの時代のどの世代の人でも、どんな信仰や価値観をもつ人でも、同じように素晴らしいと感じる価値を「顕著な普遍的価値」と呼びます。1972年にユネスコ総会で採択された世界遺産条約★は、そうした人類や地球にとってかけがえのない価値をもつ世界遺産を、人類共通の財産として大切に守り、次の世代に受け継いでゆくことを目的とした国際条約です。

1978年にアメリカの『イエローストーン国立公園』やエクアドルの『ガラパゴス諸島』など12件が、世界で最初の世界遺産として登録されました。

世界最初の世界遺産のひとつ『イエローストーン国立公園』

平和のための国際機関ユネスコ

ユネスコ★（国際連合教育科学文化機関）は、1946年に設立された国連の専門機関です。教育や科学、文化などの活動を通じて、国家や民族、人種、性別、宗教などの違いを超えた平和な世界の実現を目指しています。

第二次世界大戦後まもない1945年11月、世界中の人々は、二度とひどい戦争を繰り返さぬよう、平和のための国際機関を設立することで合意し、「ユネスコ憲章」を採択しました。国連発足の翌月のことです。

ユネスコ憲章の前文に次のような一文があります。

「戦争は人の心の中に生まれるものだから、人の心の中にこそ、平和のとりでを築かなければならない」

これは、世界中の人々が互いに不信感や敵意を抱かぬよう、またそれを心の外に出さぬよう、互いに理解し合うことが平和な世界を築く上で重要であるという、ユネスコの理念をよく表しています。

世界遺産の分類と数

世界遺産は「**文化遺産**」と「**自然遺産**」、「**複合遺産**」の3つに分類されています。

① **文化遺産**：人類が生み出した素晴らしい建造物や遺跡、また自然環境に順応しながら人類がつくり上げた**文化的景観**★など。

② **自然遺産**：地球の歴史や動植物の進化を伝える自然環境や、美しい景観など。

③ **複合遺産**：文化遺産と自然遺産、両方の価値をもっているもの。

文化遺産が最も多く全体の約80％を占めている一方、複合遺産は少なく3％ほどしかありません。オーストラリア連邦の『ウルル、カタ・ジュタ国立公園』のように、自然遺産として登録されていた遺産に文化遺産の価値があとから追加され、複合遺産になるような例もあります。

世界遺産の総数★は、世界中で1,223件です。世界遺産条約を締結（ていけつ）している196ヵ国中で、世界遺産があるのは168ヵ国。そのうち最も多くもっているのはイタリアで、60件あります。日本は26件で、11番目に多く世界遺産をもっています。一方で、モナコやブータンなど28ヵ国は、まだ世界遺産をひとつももっていません。

【世界遺産条約】1972年に第17回ユネスコ総会で採択された国際条約。世界遺産条約に基づき、世界遺産リストが作成される。正式名称は「世界の文化遺産及び自然遺産の保護に関する条約」。**【ユネスコ】**UNESCOの名称は「United Nations Educational, Scientific and Cultural Organization」の頭文字をとったもの。本部はフランスのパリにある。**【文化的景観】**人間が自然環境をいかしながらつくり上げた固有の文化がみられる景観。日本では『紀伊山地の霊場と参詣道』と『石見銀山遺跡とその文化的景観』で認められている。**【世界遺産の総数】**くわしくはP.139「国別遺産数」を参照。

世界遺産登録を決める世界遺産委員会

世界遺産リストに記載する遺産は、1年に一度開催される「**世界遺産委員会**」で審議され、決定します。

21ヵ国からなる世界遺産委員会は、世界遺産条約の締約国の間でもち回りで開催されます。専門機関による事前審査をもとに、各国から推薦された遺産について話し合い、「①**登録**」「②**情報照会**」「③**登録延期**」「④**不登録**」の４つのいずれかの決定をします。①の場合、無事に世界遺産登録となります。②と③の場合、翌年以降に再挑戦となりますが、④の場合は、世界遺産になることはできません。

世界遺産になるには

世界遺産になるためには、遺産をもつ国が世界遺産条約を締結した上で、次のようないくつかの条件があります。

① **不動産**であること
② 各国の法律で守られていること
③ 遺産をもつ国自身から推薦があること
④ 各国の**暫定リスト**★にあらかじめ記載されていること

↑建築が続くサグラダ・ファミリア贖罪聖堂がある
スペインの『アントニ・ガウディの作品群』

世界遺産と日本

日本が世界遺産条約を締結したのは、ユネスコでの世界遺産条約採択から20年後の1992年のことでした。1993年には日本で最初の世界遺産として『**法隆寺地域の仏教建造物群**』と『**姫路城**』、『**白神山地**』、『**屋久島**』の４件が誕生しました。その後、積極的に世界遺産条約の活動に参加し、世界遺産保護の体制づくりにも協力しています。

また、**松浦晃一郎**★氏がアジア人初のユネスコ事務局長を務めたほか、『ボロブドゥールの仏教寺院群』の修復に積極的に協力したり、世界第３位の規模★でユネスコの分担金を支払うなど、ユネスコの活動を支えています。

自国の世界遺産を守る義務と責任

世界遺産条約には、国際社会の協力の下で遺産を保護する必要性が書かれています。

しかし、実際に世界遺産を保護・保全する義務と責任があるのは、遺産をもっている国自身です。日本の遺産であれば、日本の法律で保護し、予算や人員を割いて保全してゆくことが求められます。

一方で、世界遺産条約の締約国は各国の遺産保護に協力することが求められています。遺産の保護が充分でない遺産に対しては、世界遺産条約で定められた基金である「**世界遺産基金**★」などを用いた援助が行われます。

世界遺産は何のためにあるのか

建造物や遺跡、景観、自然などを世界遺産として守ることには、重要な意味があります。

① 世界中の大切なものを守る

世界中にある貴重な建造物や遺跡、景観、自然などは、私たち人類や地球が生きてきた記録です。世界遺産はそうした記録を世界中の人に知ってもらい、協力して守ってゆくシンボルとなります。

② 世界の多様性を知る

世界中のさまざまな国や地域、文化、自然環境に属する遺産を守り伝えてゆくことで、世界にはさまざまな人々が暮らしており、多様な自然環境があることを知ることができます。

③ 平和な世界の実現

世界にはさまざまな人々がおり、みんなが同じように自国の文化や自然を大切にしながら暮らしていることを互いに知ることは、戦争のない平和な世界の実現につながっていきます。

一方で、世界遺産はあくまでシンボルです。世界遺産以外にも大切な文化や自然はたくさんあります。世界遺産を大切にする意義を理解できれば、身近にある世界遺産以外の建造物や自然環境なども世界遺産と同じように大切にすることができるのです。

中華人民共和国の『福建土楼群』の独特な建物

【暫定リスト】世界遺産登録を目指す遺産を記載した国別の候補リスト。各国で作成し、そのなかから条件の整った遺産が推薦される。**【松浦晃一郎】**1999年から10年間、第8代ユネスコ事務局長を務めた。**【世界第3位の規模】**かつてアメリカ合衆国に次ぐ分担金を支払っていたが、現在はアメリカ、中華人民共和国に次ぐ分担金拠出(きょしゅつ)国になっている。**【世界遺産基金】**世界遺産条約締約国からの分担金や任意の拠出金、民間の団体や個人などからの寄付金などを財源とした基金。

基礎知識 2

世界遺産の理念誕生のきっかけ

アスワン・ハイ・ダムの建設

1960年にエジプトの**ナイル川**で始まった**アスワン・ハイ・ダムの建設**が、世界遺産の理念の誕生に大きく関係しています。

古代ギリシャの歴史家ヘロドトス★が「エジプトはナイルのたまもの」と表現したナイル川は、定期的に氾濫(はんらん)して大洪水を引き起こすことで、養分を含んだ肥沃(ひよく)な土地を流域にもたらします。その肥沃な土地で人々は農耕を行い、集団で生活するようになりました。こうした環境が偉大なエジプト文明を生み出しましたが、現代においては繰り返される洪水が人々の生活を脅(おびや)かすため、ナセル大統領はダムの建設を決定しました。その背景にはダムによる発電や農業用水の確保など、経済的な利点もありました。

しかし、ダムが完成すると、古代エジプト文明の遺産である「**アブ・シンベル神殿★**」などがダム湖に沈んでしまうため、エジプト政府から要請を受けたユネスコは、世界に向けて遺跡救済キャンペーンを展開しました。

当初は、なかなか賛同が集まりませんでしたが、フランスの文化大臣アンドレ・マルロー★が、「遺産は国や民族で分割することのできない、われわれ人類全体の財産である」という主旨(しゅし)の演説を行い、世界50ヵ国の賛同の下で、神殿の移築・保存が行われました。1964年に始まった移築ではスウェーデン案が採用され、アブ・シンベル神殿はブロック状に切り分けられて約64m上のダム湖の湖畔(こはん)まで引き上げられました。

アブ・シンベル神殿移築のようす

こうして文化も歴史も宗教も異なる国の遺産に対し、世界中の国々から協力が集まり、ともに遺産を救済したことは、「人類共通の遺産(Common heritage of mankind)」という世界遺産の理念へとつながっていきました。

基礎知識 3

危機遺産と負の遺産

危機遺産

世界遺産としての顕著な普遍的価値が危機に直面している遺産は、「**危機遺産リスト**★」に記載され、世界遺産条約を締結している国々などの協力を得ながら、危機を取り除く努力がなされます。

開発により歴史的な景観が損なわれた英国のリヴァプール

①戦争や紛争による遺産破壊、**②密猟や不法伐採（ばっさい）などによる自然破壊**、**③地震や津波などの自然災害**などのほか、**④行き過ぎた観光地化や都市開発**なども、最近は問題となっています。また、過激派による遺産破壊や紛争の被害などによって、リビアやシリアの遺産すべてが危機遺産リストに記載されるなど、世界遺産への危機の及び方も深刻になっています。

一方で、世界遺産が世界的な注目を集めるということもあり、観光と世界遺産は密接な関係にあります。過度な観光化が世界遺産に悪影響を与える反面、適切な観光政策がとられ、世界遺産をもつ地域の住民もそこにかかわる形での観光化であれば、世界遺産地域の文化や歴史を世界に発信することができたり、地域の人々が身近な文化を再発見したり、観光収入を遺産の保全に回すことができるなど、世界遺産にとってプラスとなります。

世界遺産リストからの削除

世界遺産としての顕著な普遍的価値がなくなったと世界遺産委員会で判断されると、世界遺産リストから削除されることもあります。

これまでに3件が削除されています。資源開発のために保護地区を9割削減したオマーンの「アラビアオリックスの保護地区★」（2007年削除）と近代的な橋の建築が文化的景観を損なったドイツの「ドレスデン・エルベ渓谷（けいこく）★」（2009年削除）、都市開発が歴史的な景観を損なった英国の「リヴァプール海商都市」（2021年削除）です。

【ヘロドトス】 紀元前5世紀ごろの歴史家で、「歴史の父」と呼ばれる。**【アブ・シンベル神殿】**1979年に「ヌビアの遺跡群」として世界遺産登録された。**【アンドレ・マルロー】**1960年代にフランスの文化大臣を務めた文学者。**【危機遺産リスト】**正式名称は「危機にさらされている世界遺産リスト」。2024年9月時点で56件が記載されている。P.139「特徴的な危機遺産」を参照。 **【アラビアオリックスの保護地区】**危機遺産リストに記載されることなく、削除された。**【ドレスデン・エルベ渓谷】**住民投票によって橋の建設が決定し、世界遺産リストから削除された。

負の遺産

「**負の遺産**」とは、近現代に起こった戦争や人種差別、奴隷貿易など、人類が起こした過ちを記憶にとどめ教訓とするための遺産です。

原子爆弾が投下された『広島平和記念碑（原爆ドーム）』や、ナチス・ドイツによるユダヤ人などの大量殺戮が行われたポーランド共和国の『アウシュヴィッツ・ビルケナウ：ナチス・ドイツの強制絶滅収容所（1940-1945）』、人種隔離政策で有色人種などの収容所施設があった南アフリカ共和国の『ロベン島』などが、「負の遺産」であると考えられています。

「負の遺産」は、過去の反人道的な行為を二度と繰り返さないようにするという強いメッセージを発信しており、平和理念に基づく世界遺産を学ぶ上でも重要です。しかし、**世界遺産条約で正式に定義されているものではありません。**

「働けば自由になれる」と書かれている、ポーランド共和国のアウシュヴィッツ強制収容所の入口

基礎知識 4　登録基準で見てみよう

「顕著な普遍的価値」を証明する10の登録基準

誰が見ても同じように素晴らしいと感じる価値である「顕著な普遍的価値」をもっているのが世界遺産です。しかし、さまざまな国や文化、時代の人々が同じように感じる、そのような価値は本当にあり得るのでしょうか。実際、家族や親しい友人同士でも価値観が異なる点があるなど、そうした「普遍的価値」の存在は理想でしかないように感じてしまうかもしれません。

そこで世界遺産では、顕著な普遍的価値を証明するものとして、**10項目**の**登録基準**★を定めています。これは、世界遺産の価値を10項目に分けて評価するものです。この登録基準のどれか**ひとつ以上**にあてはまれば、たとえほかの点において意見が分かれたとしても、その遺産にあてはまる登録基準の項目においては顕著な普遍的価値をもつとして、世界遺産に登録されます。

「文明の証拠」の価値をもつ『マチュ・ピチュ』

例えば、「登録基準④（建築・科学技術）の点においては、誰もが認める価値をもっている」というように、個別の項目で顕著な普遍的価値があるかどうか判断されるのです。つまり、**登録基準を見ると、その世界遺産の価値がわかります。**

しかし、認められている登録基準の数によって世界遺産としての価値に差が出るわけではありません。文化遺産としてのすべての登録基準が認められているイタリアの『ヴェネツィアとその潟』と、登録基準がひとつだけ認められているインドの『タージ・マハル』は、同じく世界遺産としての顕著な普遍的価値をもっています。

日本の遺産の登録基準

日本の遺産の登録基準を見てみると、文化遺産21件のうち、登録基準②を認められている遺産が12件、登録基準④を認められている遺産が12件、⑥を認められている遺産が10件あります。また、日本の自然遺産５件中４件で、登録基準⑨が認められています。

「建築技術の発展」の価値をもつ『姫路城』

そこから、「文化交流」や「木造建築の技術」、「独自の信仰形態」、「固有の生態系」などが、世界から評価されている日本そのものの価値のひとつであることがわかります。

【登録基準】 登録基準①～⑥を認められたものが文化遺産、⑦～⑩を認められたものが自然遺産、両方の登録基準にまたがるものが複合遺産となっている。くわしくはP.014-015を参照。

登録基準① **「人間がつくった傑作」**	**人間がつくり上げた素晴らしい傑作である遺産**に認められます。『メンフィスのピラミッド地帯』や『厳島神社』のような、誰もが知る有名な文化遺産で多く認められています。
登録基準② **「文化交流」**	さまざまな国や地域の間で**文化交流が行われてきたことを示す遺産**に認められます。東西文明の接する『イスタンブルの歴史地区』や、シルクロードの終着点のひとつとされる『法隆寺地域の仏教建造物群』のような、交易路や文化・文明の接する場所などにある遺産で認められています。
登録基準③ **「文明の証拠」**	**文明や特徴的な時代が存在していたことを証明する遺産**に認められます。ローマ帝国の存在を証明する「ローマの歴史地区★」や、奈良時代の特徴をよく伝えている『古都奈良の文化財』などで認められています。
登録基準④ **「建築・科学技術」**	**建築技術や科学技術の発展を伝える遺産**に認められます。古代ギリシャの建築様式を伝える『アテネのアクロポリス』や、日本の木造城郭建築の代表である『姫路城』などで認められています。
登録基準⑤ **「伝統的集落」**	それぞれの文化や気候風土に合った**伝統的集落が残っている遺産**に認められます。特徴的なとんがり屋根の家屋が連なる『アルベロベッロのトゥルッリ』や、豪雪地帯での暮らしに適した『白川郷・五箇山の合掌造り集落』などで認められています。
登録基準⑥ **「出来事や宗教、芸術」**	**歴史上の重要な出来事や宗教、芸術などと関係する遺産**に認められます。原子爆弾の悲劇を伝える『広島平和記念碑（原爆ドーム）』や、アメリカ合衆国の独立100周年を記念する『自由の女神像』などで認められています。
登録基準⑦ **「自然の景観美」**	**美しい自然景観や独特な自然現象が見られる遺産**に認められます。定期的に地表から熱湯が吹き上がる『イエローストーン国立公園』や、樹齢1,000年を超える屋久杉が独特な景観をつくりあげる『屋久島』などで認められています。
登録基準⑧ **「地球の歴史」**	**地球の歴史を伝える遺産**に認められます。20億年前からの地層を見ることができる『グランド・キャニオン国立公園』や、数百万年の年月をかけて形成された『ヴィクトリアの滝（モシ・オ・トゥニャ）』などで認められています。

登録基準⑨ 「固有の生態系」	それぞれの環境に合った**動植物の進化の過程や固有の生態系を示す遺産**に認められます。絶海の島で動植物が独自の進化をとげた『ガラパゴス諸島』や、人の手が入っていないブナの原生林が残る『白神山地』などで認められています。
登録基準⑩ 「絶滅危惧種」	**絶滅危惧種が生息する地域や生物多様性を示す遺産**に認められます。野生のジャイアントパンダが絶滅の危機にある『四川省のジャイアントパンダ保護区群』や、海から陸へとつながる食物連鎖が多様な生態系を見せる『知床』などで認められています。

基礎知識 5　英語で説明しよう！

英語で説明しよう！

World Heritage★ means the buildings, sites, landscapes★ and natures with "outstanding universal value★". The aims of the World Heritage Convention★ are to preserve★ such cultural and natural heritage as "the common heritage of mankind★" and pass them down to future generations.

The World Heritage Convention was adopted★ by UNESCO (United Nations Educational, Scientific and Cultural Organization), which is a specialized agency of the United Nations★. A line in the opening of the Constitution★ of UNESCO represents★ the UNESCO philosophy that underlies★ its mission to contribute★ to world peace:

"That since wars begin in the minds of men, it is in the minds of men that the defences of peace★ must be constructed[…]"

【ローマの歴史地区】正式名称は『ローマの歴史地区と教皇領、サン・パオロ・フォーリ・レ・ムーラ聖堂』 **【World Heritage】**世界遺産 **【landscape】**景観 **【outstanding universal value】**顕著な普遍的価値 **【Convention】**条約 **【preserve】**保護する **【mankind】**人類 **【adopt】**採択する **【United Nations】**国際連合 **【Constitution】**憲章 **【represent】**表す **【underlie～】**～の基礎にある **【contribute】**貢献する **【the defences of peace】**平和のとりで

2 日本の世界遺産

2024年9月時点で日本には26件の世界遺産があります。
全国に点在していますが、西日本に比較的多くあります。
（2024年に登録された『佐渡島の金山』は下の地図には含まれません）

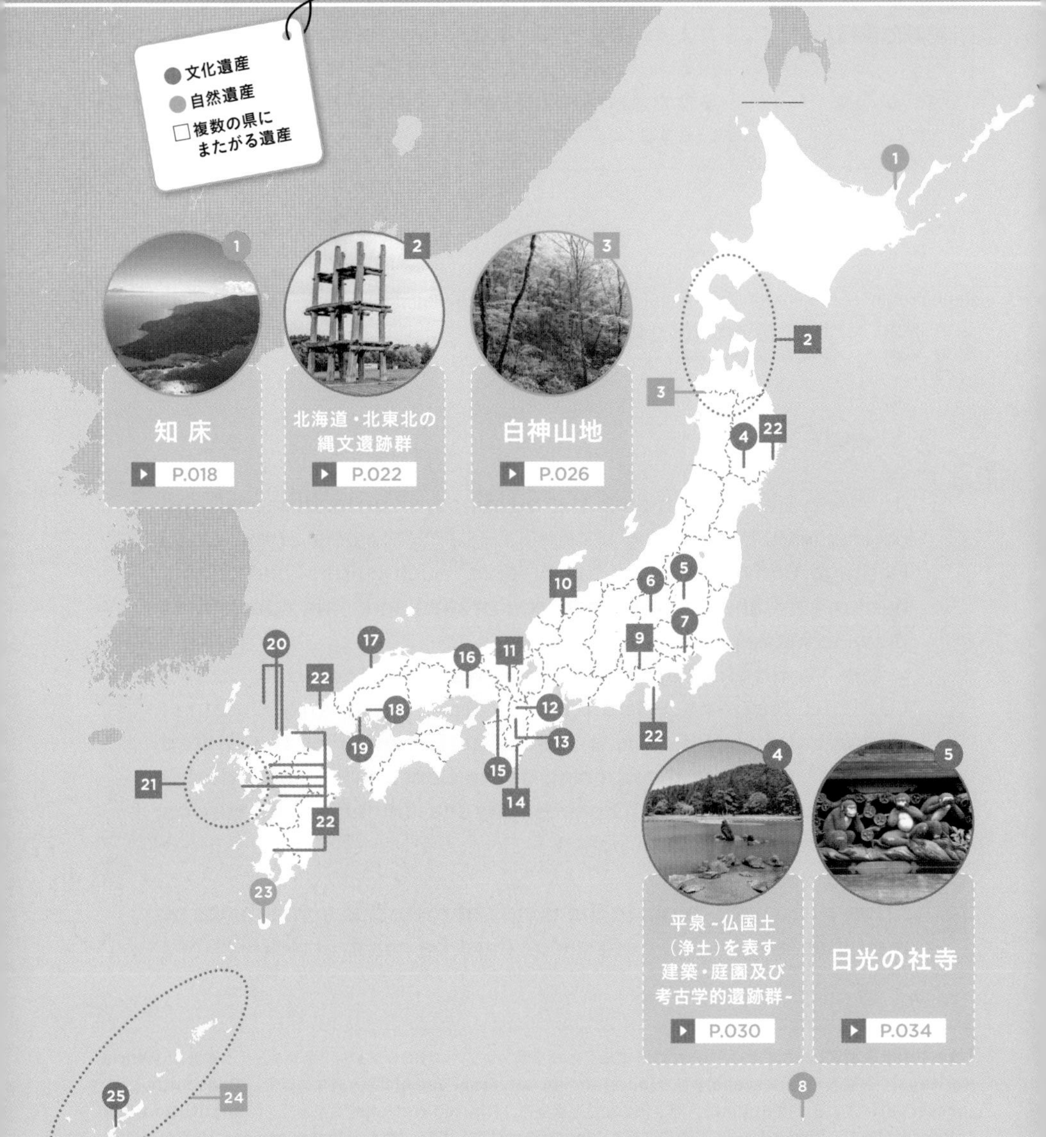

北海道

知床

自然遺産

Shiretoko

登録年 2005年

登録基準 ⑨⑩

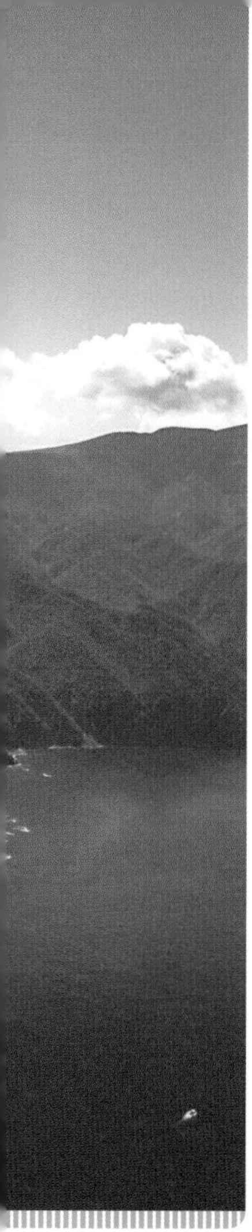

知床半島は、気候が穏やかなイタリアのフィレンツェ★とほぼ同じ緯度にあります。しかし、冬でもめったに氷点下になることのないフィレンツェとは異なり、北海道の北東の端にある知床半島沿岸では、1月下旬になるとオホーツク海から流氷が接岸し、一面が氷に覆われます。この海域は地球上で最も低い緯度で海水が凍る**季節海氷域**★なのです。

海に突き出した細長い半島の中心を、標高1,500m級の知床連山が連なっているため、平らな土地の少ない独特な地形をしています。そのため、**食物連鎖**★を通じて海から山まで一体となった生態系が特徴です。

海にはトドやアザラシ、川にはサケやマス、陸にはヒグマやキタキツネ、そして空にはオオワシやシマフクロウなど、さまざまな生物が生息しており、周囲には豊かな自然が残っています。こうした自然環境は、市民の寄付による**「しれとこ100平方メートル運動**★」などの保護活動によって守られてきました。

知床の地名は、アイヌ語の「シリエトク(地の先)」に由来する。

オホーツク海を南下する流氷。オホーツク海は地理的に太平洋から隔離されている。閉ざされた海に、ユーラシア大陸を流れるアムール川から淡水★が注ぎ込むため、この海域では海面を覆う海水の塩分濃度が薄い。海水が凍るのはこのためである。

【フィレンツェ】『フィレンツェの歴史地区』として世界遺産登録されている。P.065参照。**【季節海氷域】**特定の季節だけ海水が凍る海域。オホーツク海は、例年11月初旬に北部から凍り始めて氷域は南方に広がり、流氷となって南下する。**【食物連鎖】**自然界での食べる側と食べられる側との連続する関係。**【しれとこ100平方メートル運動】**1977年に始まった、市民の寄付などで土地を買い取り保護する運動。土地や文化遺産を買い取って保護・管理する英国のナショナル・トラストを手本としている。現在は「100平方メートル運動の森・トラスト」に発展。**【淡水】**川や湖などにある、塩分濃度の低い水。

知床連山を挟んで、北西側のウトロと南東側の羅臼では気候が異なる。ウトロでは夏が高温で降雨量が少ない一方、羅臼では夏の降雨量が多く、海霧のために気温が低い。

知床の食物連鎖

海氷に覆われることで繁殖した植物プランクトンから始まる食物連鎖は、海から川、陸へとつながっている。

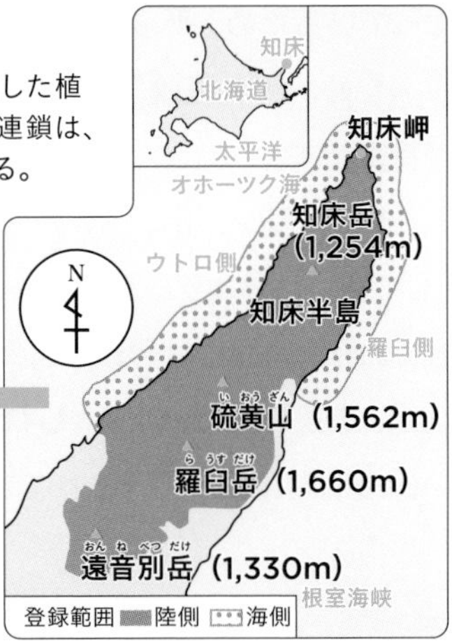

クリオネ★。植物プランクトンや動物プランクトンを餌にして、魚介類が繁殖する。

ハマナスの花。北海道の海岸に多く自生するバラ科植物。

オショロコマ★。小魚や貝類は、より大型の魚の餌となる。

オオワシ。絶滅の恐れのあるオオワシやシマフクロウは、魚類や小型哺乳類を餌とする。

ヒグマ★。エゾシカやキタキツネなど陸上の哺乳類のなかでも、ヒグマは食物連鎖の頂点にいる。

ゴマフアザラシ。トドやアザラシ、クジラなど海生哺乳類はサケなどの大型回遊魚を餌とする。

似ている 遺産 はコレ！

中華人民共和国

四川省のジャイアントパンダ保護区群

自然遺産

Sichuan Giant Panda Sanctuaries - Wolong, Mt Siguniang and Jiajin Mountains

登録年 2006年　登録基準 ⑩

保護区群には7つの自然保護区と9つの自然公園が含まれており、中国にいる野生のジャイアントパンダ約1,860頭のうち、約30％がこの保護区群に生息しています。

ジャイアントパンダは、1869年にフランス人神父によって四川(しせん)省で「発見」されました。その後、毛皮を目的とした乱獲で数が激減してしまいました。また、ジャイアントパンダの主食である竹が減少したり、都市開発が行われるなどして生息域が狭くなるなど、環境の変化によっても数を減らし、現在は**絶滅危惧種**(ぜつめつきぐしゅ)★の危急種に指定されています。そのため、日本の動物園にいるジャイアントパンダはすべて、日本が譲り受けたものではなく、中国から借り入れている扱いになっています。

この保護区群は、レッサーパンダやユキヒョウ、ウンピョウなど、他の絶滅危惧種の保護区にもなっています。

英語で説明しよう！

The nature and ecosystems★ in Shiretoko are varied★. There are food chains★ originating in the sea, moving through to rivers and then land.

【クリオネ】巻貝の一種だが、貝殻はなく体は透明な部分が多い。ギリシャ神話の女神に由来する名前をもつ。**【オショロコマ】**日本では北海道のみに分布するサケ科の魚。**【ヒグマ】**クマ科のなかではホッキョクグマと並んで最大の体長を誇る。日本に生息する陸生哺乳類（りくせいほにゅうるい）のなかでも最大。**【絶滅危惧種】**絶滅の恐れのある生物種のこと。その恐れの程度により分類されている。**【ecosystem】**生態系　**【varied】**変化に富む　**【food chain】**食物連鎖

登録基準⑤
縄文時代の
定住生活と
社会システムを
伝える価値

北海道・青森県・秋田県・岩手県

北海道・北東北の縄文遺跡群

文化遺産

Jomon Prehistoric Sites in Northern Japan

登録年 2021年

登録基準 ③⑤

今から約1万5,000年前頃に始まる縄文時代★のうち、紀元前1万3000年頃から前400年頃の日本で、人々が採集や漁労、狩猟を行いながら定住した集落や、生活、精神文化などを証明する17の遺跡が登録されています。

縄文時代を「定住の開始」「定住の発展」「定住の成熟」の３つに分け、さらにそれぞれを２つに分けた６つの時代区分に、青森県の**三内丸山遺跡**や亀ヶ岡石器時代遺跡、秋田県の**大湯環状列石**などが分類されています。

北海道と北東北の一帯には山地や丘陵、平地、低地などがあったほか、水量が豊かな河川や、サケ・マスなどが回遊する漁場、ブナを中心とする落葉広葉樹の森林など、多様で豊かな自然環境がありました。縄文時代の人々はそうした環境の中で、食料を安定して確保するために協力しながら**定住生活**を行い、祭祀や儀礼の場や墓などに見られる成熟した精神文化を築いていました。また、この辺りではとれない黒曜石やアスファルト★なども出土しており、遠くの集落と交易をしていたこともわかっています。

三内丸山遺跡。柱の穴の跡などの調査結果をもとに復元された大型掘立柱建物（左）と大型竪穴建物（右）。紀元前3900年頃から前2200年頃まで、多くの人々が定住生活を送っていたと考えられる大規模集落跡。

紀元前1000〜前400年頃につくられた亀ヶ岡石器時代遺跡から出土の遮光器土偶（複製）。目の部分が太陽光を遮るゴーグルのような形になっていることから、この名で呼ばれる。このタイプの土偶は、縄文時代の東北地方で多くつくられた。

【縄文時代】今から約1万5,000年前から約2,400年前までの間の時代。ヨーロッパでは旧石器時代から鉄器時代、または古代ローマ帝国が成立するまでの時代に相当する。**【アスファルト】**原油などに含まれる黒色の粘着性（ねんちゃくせい）のある物質。縄文人は、矢に石の矢じりをくっつけたり、欠けた土器などを接着したりするのに使っていた。

大湯環状列石。円を描くように川原の石が並べられたストーンサークル。万座（左・最大径52m）と野中堂（右・最大径44m）の2つの環状列石があり、列石を囲むように掘立柱建物や土坑が見つかっている。

大船遺跡。北海道函館市にある紀元前3500年頃〜前2000年頃の集落跡で、太平洋を望む丘の上に大型竪穴建物の跡が100以上確認されている。

是川石器時代遺跡から出土した土器。美しいデザインの土器や土偶が多く出土しており、漆をぬった器などもある。

三内丸山遺跡で見つかった大型掘立柱建物の柱跡。直径・深さとも約2mの穴が、4.2m間隔で並んでいる。うち4つの穴の中に直径1mのクリの木柱が残っており、その柱と土にかかった圧力の調査から掘立柱建物の高さ15mが推定され、復元が行われた。

秋田県北秋田市にある伊勢堂岱遺跡は道路建設の際に発見された。遺跡保存のため道路の進路が変更され、建設途中の橋脚が残されている。

チリ共和国

文化遺産

アリカ・イ・パリナコータ州における チンチョーロ文化の集落と人工ミイラ製造技術

Settlement and Artificial Mummification of the Chinchorro Culture in the Arica and Parinacota Region

登録年 2021年　登録基準 ③⑤

紀元前5450年頃から前890年頃にかけて、チリの最も北に位置する**アタカマ砂漠**★の厳しく乾燥した海岸で生活していたチンチョーロ文化★の人々は、死者の体を人工的に組み立て直し、植物や鉱物、骨、貝殻などを用いて加工・装飾したミイラをつくってきました。この辺りは非常に乾燥しているため、遺体をそのまま置いておくだけでもミイラ化しますが、チンチョーロ文化ではあえて人工的にかつらや仮面をつけたり、木やワラで手足を整えたりしたミイラが特徴です。この地では人工ミイラと自然にできたミイラの両方が見つかっています。

世界の他の地域のミイラの多くは、王や貴族など位の高い人々の埋葬のための技術でしたが、チンチョーロではさまざまな社会階層や性別の人々が人工のミイラにされました。これはチンチョーロ文化の独特な精神性をよく表しています。

英語で説明しよう！

During the Jomon period, which lasted over 10,000 years from around 13,000 B.C. to around 400 B.C., people settled★ in Hokkaido and the northern Tohoku region as hunters, fishers, gatherers of nuts, etc.

【アタカマ砂漠】降水量が非常に少なく、世界で最も乾燥した地域のひとつ。**【チンチョーロ文化】**最初にミイラが発見された場所であるチンチョーロ海岸にちなんで、チンチョーロ文化と名づけられた。**【settle】**定住する

青森県・秋田県

白神山地

自然遺産

Shirakami-Sanchi

登録年 1993年　登録基準 ⑨

青森県と秋田県にまたがる白神山地の一部は、250万年前ごろまで海の中にありました。その後の地殻変動★により、速い速度で海底の地層がもち上がり、数十万年前に現在のような山地となりました。この隆起は、現在もほぼ同じ速さ（年間約1.3mm）で続いています。

ブナ林はかつて、ヨーロッパや北アメリカ、日本を含む東アジアの3ヵ所に分布していましたが、氷河期に日本以外では減少しました。一方で、日本は氷河に覆われることがなく、ブナも日本の南部まで分布を広げていたため、ブナを含む原生林が残りました。なかでも約8,000年前に現在のようなブナ林が形成された白神山地の一部では、人里から離れた険しい山岳地であるため伐採や植林が行われず、原始の姿を残す原生林が広がっています。白神山地の原生林には固有種★の植物も多く、多様な植生が、絶滅危惧種の**クマゲラ**★や特別天然記念物の**ニホンカモシカ**★などを含む多くの生物が暮らす豊かな環境をつくり上げています。

秋に美しく黄葉するブナ林。

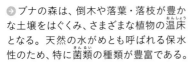

ブナの森は、倒木や落葉・落枝が豊かな土壌をはぐくみ、さまざまな植物の温床となる。天然の水がめとも呼ばれる保水性のため、特に菌類の種類が豊富である。

【地殻変動】地球表面のプレートの動きや火山活動などによって、地殻が変化する現象。**【固有種】**ある国や地域にのみ生息する動植物の種（しゅ）。**【クマゲラ】**日本に分布するキツツキ科のなかでも最も大きな鳥で、北海道と本州北部に生息している。**【ニホンカモシカ】**山岳地帯の落葉広葉樹林などに生息している、日本の固有種。シカ科ではなくウシ科。

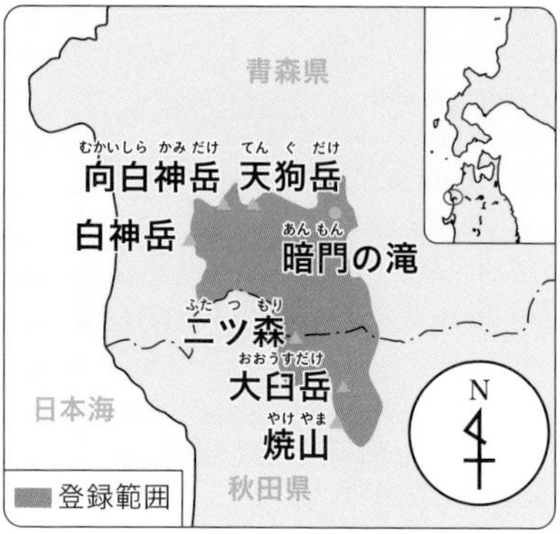

約1,300km²の白神山地のうち、169.7km²が世界遺産に登録されている。登録範囲は、青森県側の方が広い。

白神山地の原生林は、7割以上を占めるブナのほかに、トチノキやミズナラ、ハイマツなどで構成される。また、固有種のアオモリマンテマ★など500種以上の植物が見られる。

暗門の滝。青森県を流れる岩木川の支流暗門川にかかる、3つの滝からなる。周囲はブナやマツが茂る険しい岩壁。

クマゲラ(左)。天然記念物で、絶滅危惧種でもある。ニホンカモシカ(右)。天然記念物のなかでも価値が高いとされる特別天然記念物に指定されている。

地すべりがもたらす植生

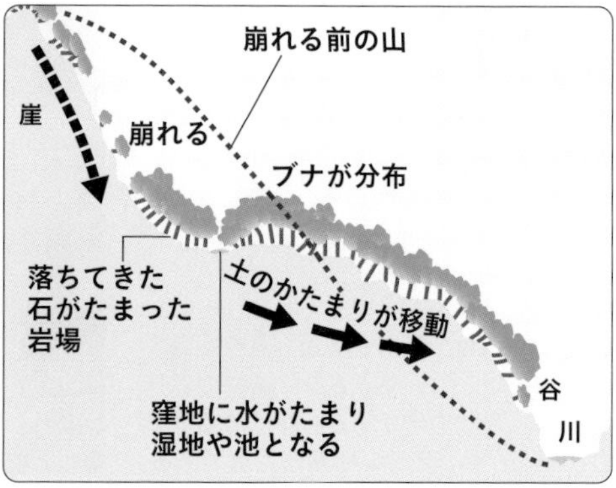

白神山地は地すべりが多く発生する。ブナは山が崩れて移動した土のかたまりの地域に主に分布する。また、山が崩れたあとには崖や窪地、岩場、池、湿地などができ、それぞれに適した植物が生育するなど、地すべりによってできた複雑な地形が、多様な植生を生み出している。

倒木や切り株なども新たな植生の栄養源となり、古木と新芽が共存する独特な景観を生み出している。

ベネズエラ・ボリバル共和国

似ている遺産はコレ！

自然遺産

カナイマ国立公園

Canaima National Park

登録年 1994年　登録基準 ⑦⑧⑨⑩

南アメリカ大陸のベネズエラにあるカナイマ国立公園内には、いくつもの巨大な**テーブルマウンテン**（卓状台地）が残されています。先住民から「テプイ（神の家）」と呼ばれるこのテーブルマウンテンは、長い年月の間、風雨にさらされたことによって大地が削られてできました。

台地の頂上部分は切り立った断崖によって周りから切り離されており、外部から影響を受けることなく動植物が独自の進化をとげました。また、世界最大の落差を誇るアンヘルの滝★は、滝の水が流れ落ちる途中で空中に散ってしまうため、滝つぼがありません。

いまだに人間が足を踏み入れていない場所が残されており、『シャーロック・ホームズの冒険』で知られる英国の小説家コナン・ドイルは、この地を舞台にＳＦ小説『失われた世界』を書いたとされています。

英語で説明しよう！

Shirakami - Sanchi is home to★ a primeval forest★ of beech★ trees more than 8,000 years old. Many rare★ animals and plants live there.

【アオモリマンテマ】山地の岩場などに生える、ナデシコ科の多年草。白い花をつける。**【アンヘルの滝】**1937年にアメリカ人探検家ジミー・エンジェルが発見したことで「アンヘル（ベネズエラの公用語であるスペイン語でエンジェルを指す）の滝」と名づけられた。P.136参照。**【home to～】**～がある　**【primeval forest】**原生林　**【beech】**ブナ　**【rare】**希少な

登録基準⑥
建築群と庭園で表現された日本独自の浄土思想の価値

岩手県

平泉－仏国土（浄土）を表す建築・庭園及び考古学的遺跡群－

文化遺産

Hiraizumi – Temples, Gardens and Archaeological Sites Representing the Buddhist Pure Land

登録年 2011年

登録基準 ②⑥

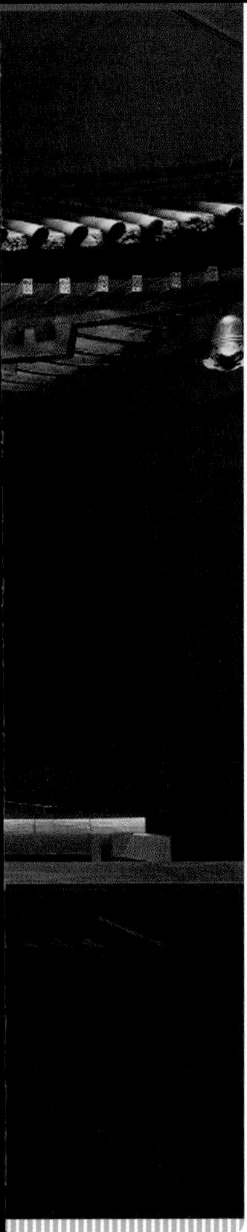

平泉は、**藤原清衡**★が**浄土思想**★に基づき築いた理想郷です。長い戦乱のなかで妻子を含む一族の多くを失った清衡は、11世紀末に奥州★を支配したあと、戦乱で亡くなったすべての霊を、敵や味方の区別なく慰めるための仏国土（浄土）★を現世につくり上げることを決意しました。

政治・行政の拠点とするため平泉に移り住んだ清衡は、平泉をこの世の仏国土とするため、その中心として最初に**中尊寺**★を建立します。平泉はその後も、2代基衡と3代秀衡の下で、金や馬の産地として栄えました。浄土の再現を目指した毛越寺や無量光院、観自在王院などが築かれ、平和な世の中が実現しましたが、4代泰衡のとき、源義経をかくまったことをとがめた源頼朝によって滅ぼされ、奥州藤原氏の繁栄は100年で幕を閉じました。

戦乱のない平和な理想郷を目指した平泉の繁栄と衰退は、松尾芭蕉が『おくのほそ道』で詠んだ句、「夏草や 兵どもが 夢の跡」によく表れています。

← 黄金と螺鈿を用いた豪華な中尊寺金色堂。

→ 毛越寺の浄土庭園。毛越寺は、12世紀中ごろに、基衡が築いた寺院。「大泉が池」を中心とした庭園は、ゆるやかな曲線や砂州、立石などで仏国土を表した浄土庭園である。

【藤原清衡】平安時代後期に東北地方一帯を支配した奥州藤原氏初代当主。**【浄土思想】**死後、阿弥陀仏のつくった西方極楽浄土で、仏として生まれ変わることができると説く教え。**【奥州】**「みちのく」とも呼ばれる東北地方の太平洋側。**【仏国土（浄土）】**理想の世界とされる仏の国。**【中尊寺】**12世紀初頭から20年以上かけて築かれた寺院。金色堂には清衡と基衡、秀衡の遺体のほか、泰衡の首級（しるし。敵を討ち取った印とした首）が納められている。

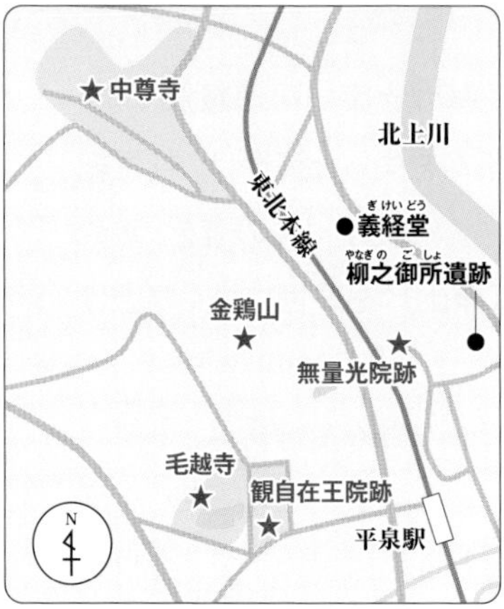

平泉（★印が構成資産★）

金鶏山。平泉中心部から見ることができる小高い山で、浄土庭園や居館などを築く際に金鶏山との位置関係が重要な意味をもった。

無量光院跡。秀衡が築いた阿弥陀堂があった。京都宇治の平等院鳳凰堂を模していたとされるが、13世紀中ごろに焼失し、現在は土塁や礎石しか残っていない。

無量光院再現図。阿弥陀堂は西の方角にあり、4月と8月の年に2回、背後の金鶏山山頂に落ちる夕日が建物を輝かせる。その光景は、現世における西方極楽浄土★を表していた。

観自在王院跡。2代基衡の妻によって建立された。東西約120m、南北約240mの寺域に大小の阿弥陀堂と浄土庭園があったが、1573年に伽藍は焼失し、現在は浄土庭園を復元した史跡が公園になっている。

似ている遺産はコレ!

イラン・イスラム共和国

文化遺産

ペルシア庭園

The Persian Garden

登録年 2011年　登録基準 ①②③④⑥

『ペルシア庭園』は、イラン国内の各州にある9つの庭園をひとつの世界遺産として登録したものです。これらの庭園は、紀元前6世紀のアケメネス朝ペルシア★の初代の王であるキュロス2世の時代にルーツをもつ建築や造園方法を今に伝えています。

9つの庭園は、かつてペルシアで信仰されていたゾロアスター教★で重視された「空」と「大地」、「水」、「植物」の4つの要素で構成され、理想郷である「エデンの園★」が表現されています。「楽園(パラダイス)」の語源は、ペルシア語の「壁に囲まれた」という意味の言葉だとされており、周囲を壁で囲んだペルシア庭園は、まさに楽園を体現したものでした。また、4つの要素のなかでも「水」が最も重視されており、水路を用いて幾何学的に四分割した**四分(しぶ)庭園(チャハル・バーグ)**は、その後のインドやヨーロッパの庭園様式に影響を与えました。

英語で説明しよう!

Hoping for★ a peaceful land, the Fujiwara family created temples and gardens in Hiraizumi that represent★ the Buddhist Pure Land★.

【構成資産】世界遺産に含まれる資産。「平泉」は中尊寺と毛越寺、無量光院跡、観自在王院跡、金鶏山の5ヵ所で構成される。**【西方極楽浄土】**西方にあるとされる阿弥陀仏のいる仏の国。**【アケメネス朝ペルシア】**紀元前550年、イラン高原南西部に興(おこ)った古代ペルシア帝国の王朝。王都の遺跡『ペルセポリス』は世界遺産に登録されている。**【ゾロアスター教】**紀元前7世紀ごろにゾロアスターが興したイランの宗教。善の神と悪の神の二元論からなる。**【エデンの園】**旧約聖書『創世記』に登場する理想郷。**【hope for 〜】**〜を望む　**【represent】**表現する　**【the Buddhist Pure Land】**極楽浄土

登録基準①
聖域の自然と調和した、芸術性の高い宗教建造物群の価値

栃木県

日光の社寺

文化遺産

Shrines and Temples of Nikko

登録年 1999年

登録基準 ①④⑥

奈良時代後期に、修験道★の聖地として勝道上人が開いた霊場が、日光山の始まりです。鎌倉時代には500を超える寺社が建ち並ぶほど繁栄しましたが、豊臣秀吉と対立したために衰退してしまいました。その後、1617年に僧の天海の指示で徳川家康をまつる東照社★がつくられると、徳川将軍家の威光の下で再び信仰を集めるようになりました。

現在の**東照宮**に見られる建物のほとんどは、3代将軍家光が天下の富と美術・工芸・建築技術の粋を集めて行った「**寛永の大造替**★」の際に築かれたものです。色鮮やかな彫刻や金箔がほどこされた豪華な建造物群が、日光山の地形や老木などをいかして自然と調和するようにつくられています。

日本固有の神道と大陸伝来の仏教が混ざり合った**神仏習合**★が見られる日光では、東照宮と山岳信仰の中心地である二荒山神社、家光の霊廟のある輪王寺の二社一寺のほか、周囲の自然環境も世界遺産に登録されています。

← 雪に覆われた、金色に輝く東照宮の陽明門。

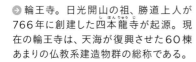

→ 輪王寺。日光開山の祖、勝道上人が766年に創建した四本龍寺が起源。現在の輪王寺は、天海が復興させた60棟あまりの仏教系建造物群の総称である。

【**修験道**】険しい山などで修業をし、神仏が示す不思議議な力を得ようとする宗教。【**東照社**】東照宮の前身。1645年に朝廷から宮号が授与され、東照宮に改称した。【**寛永の大造替**】1636年の家康の21回忌に向けて行われた大改築。【**神仏習合**】日本に古くからある自然崇拝から生まれた神道と、大陸から伝わった仏教が混ざり合った、日本固有の信仰形態。

↑名大工左甚五郎の作と伝えられる木彫りの「眠り猫」は、平和を表しているといわれる。2016年には、60年ぶりに修復された。

←東照宮の陽明門。龍馬と呼ばれる蹄をもつ龍や、うろこのない麒麟などの空想の生き物のほか、人物や草花、鳥など、500以上の彫刻がほどこされている。一日中見ていても飽きないので、「日暮門」とも呼ばれる。

↑東照宮にある「見ざる、言わざる、聞かざる」の三猿。猿は馬を守るという信仰から、神馬をつなぐ神厩舎には人の一生を模した猿の彫刻が8面あり、そのひとつ。

↑二荒山神社拝殿。日光の山岳信仰の中心地で、日光山の男体山と女峰山、太郎山の3つの山をご神体としている。

↑輪王寺にある大猷院の皇嘉門。大猷院は、家康の霊廟よりも控えめにつくるようにという家光の遺言に従ってつくられた霊廟で、皇嘉門の先に家光の墓所がある。

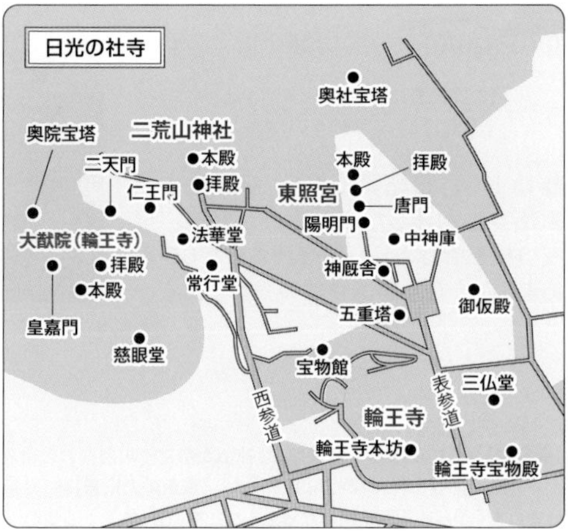

似ている**遺産**はコレ!

インド

文化遺産

タージ・マハル

Taj Mahal

登録年 1983年　登録基準 ①

『タージ・マハル』は、17世紀半ばにムガル帝国★皇帝シャー・ジャハーン★が、20年以上の歳月をかけて妃**ムムターズ・マハル**のために築いた霊廟です。

皇帝がまだ15歳の青年であったとき、3歳年下の美しいムムターズ・マハルと出会いました。2人は深く愛し合い、遠征に行くときも常に一緒でしたが、妃は、14人目の子どもを産んだあとに体調を崩し、36歳の若さで亡くなってしまいました。

何も手につかないほど深く悲しんだ皇帝は、2年間喪に服すと妃のために世界各地から白大理石や金、宝石などの素材や職人を集め、どこから見ても左右対称★な、世界で最も美しい霊廟を約20年かけて完成させました。その後、自分の霊廟建設も試みましたが、国家財政を圧迫させたために息子に皇帝の座を奪われて幽閉され、建設はかないませんでした。今は愛する妃の横に眠っています。

英語で説明しよう!

Nikko is a sacred site★ that fuses★ Shinto★ and Buddhism★. There is a group of magnificent★ buildings that includes★ the Toshogu, a shrine★ to Tokugawa Ieyasu.

【ムガル帝国】1526年から19世紀半ばまで、北インドを中心に勢力を誇った帝国。**【シャー・ジャハーン】**ムガル帝国第5代皇帝。この時代にインド・イスラム文化は最盛期を迎えた。**【左右対称】**イスラム建築では、建物や庭園などで幾何学図形や左右対称が重視される。これは、聖典コーランに描かれる「天上の楽園」を表現しているともされる。**【sacred site】**霊場　**【fuse】**融合させる　**【Shinto】**神道　**【Buddhism】**仏教　**【magnificent】**豪華な　**【include～】**～を含む　**【shrine】**神社

登録基準②
海外と日本の
養蚕技術が融合し
全国に広まった
価値

群馬県

富岡製糸場と絹産業遺産群

文化遺産

Tomioka Silk Mill and Related Sites

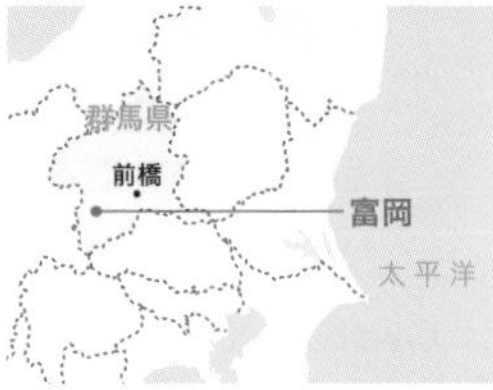

登録年 2014年

登録基準 ②④

明治維新★を進める日本政府は、「**殖産興業**★」を目指し、海外の技術を用いて日本の産業を強化しようと考えました。特に、伝統的に行われていた生糸（繭の糸を何本か集めて1本の糸にしたもの）の品質改善と生産向上を急ぎ、フランス人技術者**ポール・ブリュナ**を招いて、官営の富岡製糸場★を築きました。

富岡が官営工場の建設地に選ばれたのは、伝統的に養蚕★が盛んで土地が広く、絹産業に欠かせない水や石炭も豊富であったためです。製糸場は、日本古来の木造の柱に西欧伝来のレンガを組み合わせた「**木骨レンガ造**」と呼ばれるつくりになっています。

工場で働く工女たちは日本全国から集められました。工女たちの労働環境にも配慮されており、医師がいつもいる病院や寄宿舎があり、食事や薬なども無料で用意されていました。後に彼女たちが地元へ戻り器械製糸技術の指導者となることで、近代的な技術が全国に広まりました。

こうして品質が向上した日本の生糸は世界に輸出され、欧米の幅広い層に絹が普及するきっかけとなりました。

← 繰糸所は、長さ140mで中央に柱のない巨大な空間になっていた。

→ 西置繭所。置繭所は、繰糸所と直角につながる形でその東西に2棟建つ。長さ約104mの細長い2階建ての建物は、木骨レンガ造でつくられている。2階は繭の貯蔵庫で、繭を乾燥させるため多くの窓が設けられている。

【明治維新】日本の近代化を目指した改革で、江戸幕府が倒れ明治政府が樹立された。**【殖産興業】**西欧諸国に対抗するため、国家の近代化を目指して産業や交通網、資本主義などを整えようとする明治政府の政策。**【富岡製糸場】**世界遺産には富岡製糸場のほか、高山社跡（たかやましゃあと）、田島弥平（たじまやへい）旧宅、荒船風穴（あらふねふうけつ）の合計4資産が登録された。**【養蚕】**蚕（かいこ）の繭から生糸をつくる産業。日本では伝統的に行われてきた産業であったが、富岡製糸場において西欧の近代的な技術が導入されたことで品質が向上した。

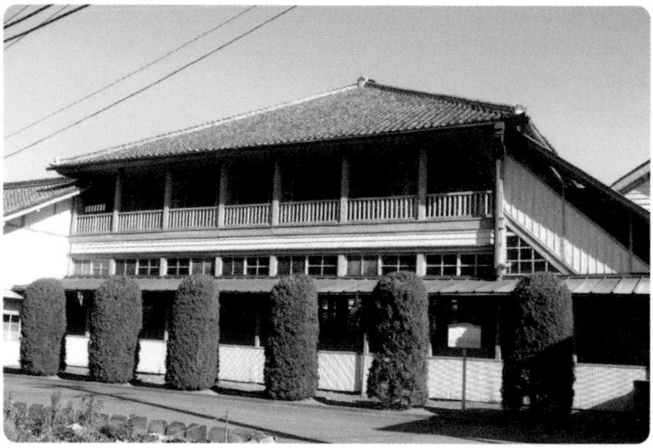

女工館。日本人の工女たちに技術を教えたフランス人女性教師の住居としてコロニアル様式★で建てられた。のちに食堂や会議室に改修された。

東置繭所にある「明治5年」と記されたキーストーン。壁のレンガ積みは「フランス積み」と呼ばれるスタイル。

レンガの積み方

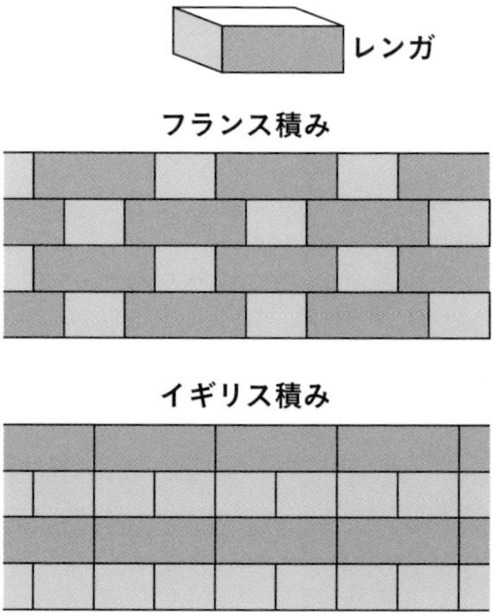

鉄水溜(てっすいりゅう)。製糸に必要な水をためておく水槽。戦艦の造船技術が用いられており、約400tの水を貯蔵できる。

高山社跡。「清温育★」という養蚕法の研究を行った高山長五郎の生家でもある研究・教育機関。構成資産のひとつ。

荒船風穴。自然地形をもとにした蚕種(さんしゅ)★貯蔵施設。天然の冷風を利用して蚕種を保存し、年2〜3回の養蚕が可能となった。構成資産のひとつ。

田島弥平旧宅。「清涼育★」を開発した田島弥平の住宅。換気のための櫓(やぐら)を備えた、近代養蚕農家建築の原点となった建物。構成資産のひとつ。

似ている
遺産
はコレ!

英国(グレートブリテン及び北アイルランド連合王国)

文化遺産

ダーウェント峡谷の工場群

Derwent Valley Mills

登録年 2001年　登録基準 ②④

イギリス中部にある『ダーウェント峡谷(きょうこく)の工場群』は、ダーウェント川沿いにつくられた工場群です。これらの工場は、**リチャード・アークライト**★が発展させた紡績(ぼうせき)★技術を最大限に活用するためにつくられました。世界に先駆(さきが)けてイギリスで起こった産業革命の最初期の工場群として、後の工場建設の見本となりました。

アークライトが開発した水力紡績機には水の力が必要なため、川の近くのクロムフォードに、世界初の水力を用いた紡績工場が築かれました。また工場周辺には労働者が住むための住宅もつくられ、独自の産業景観が生まれました。

ダーウェント川沿いには、18世紀後半〜19世紀にかけて築かれた紡績工場が点在しており、そのうちの、クロムフォードとミルフォード、ベルパー、ダーリー・アベイ、ジョン・ランブの工場群が世界遺産登録されています。

英語で説明しよう!

Tomioka Silk Mill was a government-operated★ factory established★ by the Meiji government. The high-quality silk produced there was exported★ to many countries around the world.

【コロニアル様式】17〜18世紀に、イギリスやスペインなどの植民地で発展した建築様式。**【清温育】**蚕を育てる温度と湿度を人工的に管理する蚕の飼育方法。**【蚕種】**蚕の卵のこと。**【清涼育】**自然の通風を利用した蚕の飼育方法。**【リチャード・アークライト】**18世紀のイギリスの発明家で、イギリスに産業革命を起こした起業家のひとり。**【紡績】**綿(めん)や羊毛などの短い繊維(短繊維)をより合わせて糸をつくる技術。長い繊維(長繊維)の繭糸をより合わせて生糸をつくる技術は「製糸」と呼ばれる。**【government-operated】**官営の　**【establish】**設立する　**【export】**輸出する

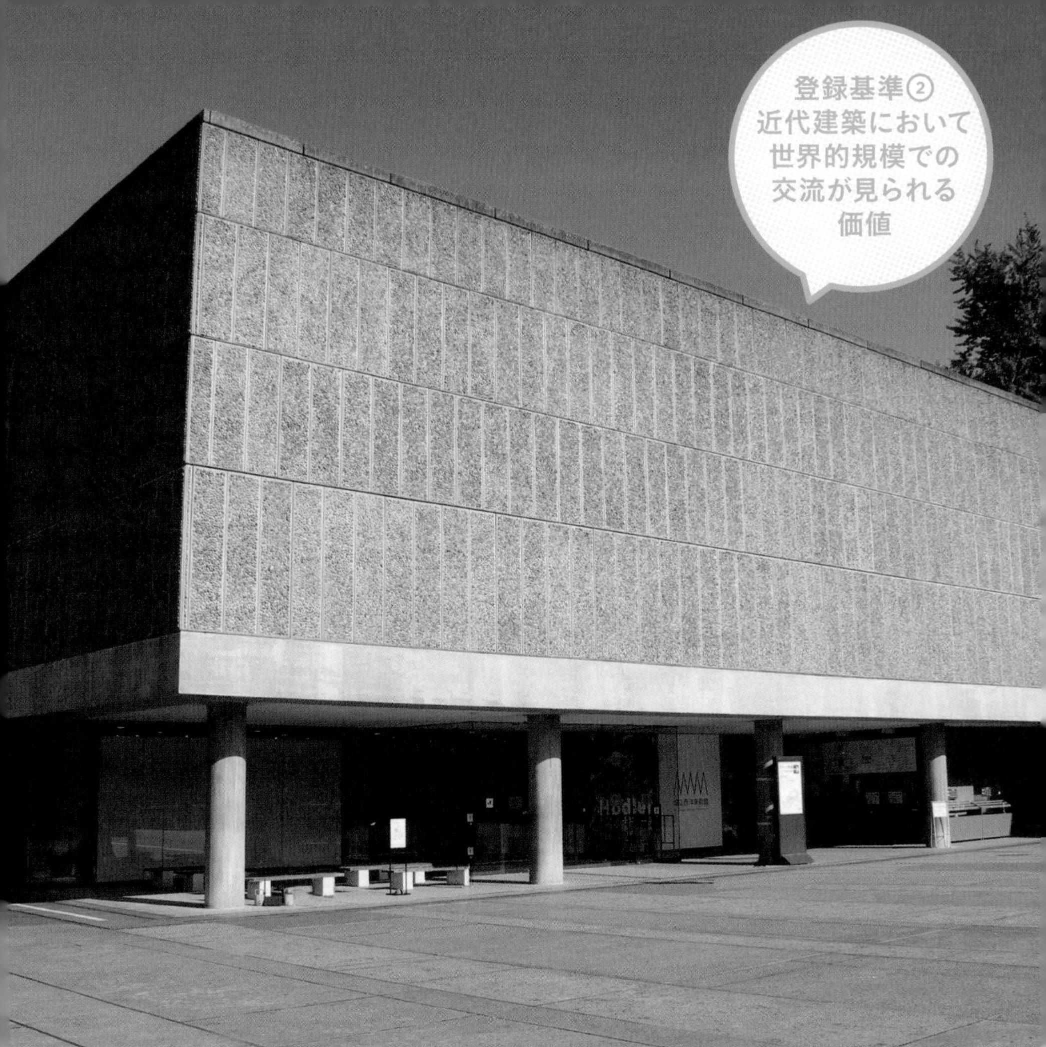

フランス共和国、スイス連邦、アルゼンチン共和国、インド、
ドイツ連邦共和国、ベルギー王国、日本国（東京都）

文化遺産

ル・コルビュジエの建築作品：近代建築運動への顕著な貢献

The Architectural Work of Le Corbusier, an Outstanding Contribution to the Modern Movement

登録年 2016年　登録基準 ①②⑥

この遺産は、建築家**ル・コルビュジエ**が設計したフランスやスイス、アルゼンチンなど7ヵ国に点在する17資産で構成されています。日本からは東京の上野にある「国立西洋美術館」が登録されました。これは複数の構成資産からなる「シリアル・ノミネーション・サイト★」であるだけでなく、日本で初めて国境を越えて登録された「**トランスバウンダリー・サイト★**」でもあります。

スイスで生まれ、フランスで活躍したル・コルビュジエは、これまでのヨーロッパで伝統的につくられてきた「壁が建物を支える」建築ではなく、「柱が床を支える」建築という新たな概念を生み出し、その概念をいかす「近代建築の五原則★」を示しました。

第二次世界大戦後、松方(まつかた)コレクション★を展示するために築かれた国立西洋美術館の本館には、「無限成長美術館★」という新たな概念や「**ピロティ★**」、「モデュロール★」など、ル・コルビュジエの特徴がよく表れています。

国立西洋美術館本館。外壁は緑色の小石を貼りつけたもの。

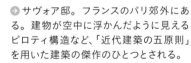

サヴォア邸。フランスのパリ郊外にある。建物が空中に浮かんだように見えるピロティ構造など、「近代建築の五原則」を用いた建築の傑作のひとつとされる。

【シリアル・ノミネーション・サイト】同じような特徴や背景をもつ遺産を、ひとつの世界遺産として登録したもの。**【トランスバウンダリー・サイト】**同じような特徴や背景をもち複数の国にまたがる遺産を、各国共同でひとつの世界遺産として登録したもの。**【近代建築の五原則】**近代建築で必要な5つの要素。「1.ピロティ」「2.屋上庭園」「3.自由な平面」「4.水平連続窓」「5.自由な正面(ファサード)」。**【松方コレクション】**実業家の松方幸次郎が20世紀初頭に集めた西洋美術の作品群。第二次世界大戦後フランス政府に差し押さえられたが、のちに返還された。**【無限成長美術館】**作品が増えると螺旋(らせん)状に展示室を増やすことができる構造の美術館。**【ピロティ】**柱で床を支えることで、地上階に吹き抜けの空間をつくったもの。**【モデュロール】**ル・コルビュジエが考案した、建築の寸法を決める際に人体のサイズを基準としたルール。

19世紀ホール。天井は吹き抜けとなっており、三角形の窓から入る自然光でホール全体が明るく照らされる。

ピロティ。フランス語で「杭」という意味。空間を広げ、軽やかな印象を与える。

照明ギャラリー。2階展示室にある、自然光を取り込むガラス張りの空間。現在は人工の照明が使われている。

前庭にあるロダンの「考える人」。台座の下にローラーをつけて、免震化★をほどこしている。

ここが免震化されている。

19世紀ホールから2階展示室に続くスロープ。登りながら空間の変化を楽しむことができる。

フランス	ラ・ロッシュ・ジャンヌレ邸、サヴォア邸と庭師小屋、ペサックの集合住宅、カップ・マルタンの休暇小屋、ポルト・モリトーの集合住宅、マルセイユのユニテ・ダビタシオン、ロンシャンの礼拝堂、ラ・トゥーレットの修道院、サン・ディエの工場、フィルミニの文化の家
日本	国立西洋美術館
ドイツ	ヴァイセンホフ・ジードルングの住宅
スイス	レマン湖畔の小さな家、イムーブル・クラルテ
ベルギー	ギエット邸
アルゼンチン	クルチェット邸
インド	チャンディガールのキャピトル・コンプレックス

似ている遺産はコレ！

アルジェリア民主人民共和国

ムザブの谷

文化遺産

M'Zab Valley

登録年 1982年　登録基準 ②③⑤

『ムザブの谷』は、11～12世紀ごろにムザブ族が築いた城塞都市が点在している地域です。ムザブ族は北アフリカのベルベル人★の一部族で、イバード派★のイスラム教徒です。同じイスラム教のウマイヤ朝★の迫害から逃れてきた人々がこの地に移り住み、都市を築きました。**ガルダイア**(写真)を中心に、5つの都市が世界遺産に登録されています。

ムザブ族は優れた灌漑技術をもっており、ほとんど雨の降らないこの土地に井戸を掘って地下水路を建設し、美しいオアシス都市をつくり上げました。ベージュやターコイズブルーに塗られた立方体の独特な建物が立ち並ぶ都市の景観は、ヨーロッパの建築家に大きな影響を与えました。ル・コルビュジエもこの地に魅せられ、「インスピレーションが枯渇するたびに、私はガルダイアへの航空券を買う」と語ったといいます。

英語で説明しよう！

Le Corbusier proposed★ a new concept of modern architecture. **This heritage consists of★ 17 sites across seven countries, and one of them is the National Museum of Western Art, located in Ueno Park, Tokyo.**

【免震化】阪神淡路大震災後、国立西洋美術館でも免震工事が行われた。文化的価値の高い建物本体には手をつけず、底面に揺れを吸収する装置を差し挟む方法で、1998年に完了。**【ベルベル人】**北アフリカに古くから住む先住民で、ベルベル諸語を母語とする人々。**【イバード派】**イスラム教の宗派のひとつで、主流派のスンナ派とシーア派から分派して成立した。スンナ派からは異端とされることもある。**【ウマイヤ朝】**661～750年まで、西北インド、アフリカ北部、イベリア半島までを支配したイスラム教スンナ派の帝国。**【propose】**提唱する　**【consist of～】**～で構成される

東京都

小笠原諸島

自然遺産

Ogasawara Islands

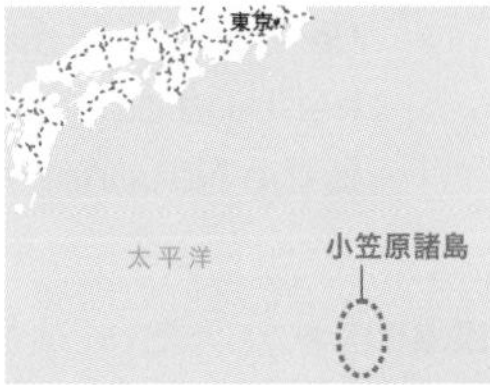

登録年 2011年

登録基準 ⑨

小笠原諸島★は、東京の都心から南に約1,000km離れた海上にある大小30あまりの島々で、世界でも珍しい、首都に属する自然遺産です。大陸や日本列島と一度も陸続きになったことがない海洋島のため、独自の進化をとげた固有種★の動植物が550種以上生息しており、面積に対して固有種が多い点が特徴です。

特にカタツムリの仲間である**陸産貝類**は、現在、小笠原諸島で確認されているうちの約95%が固有種であると考えられており、日本列島やポリネシア、東南アジアから流れ着いた種が、小笠原の環境に順応しながらさまざまに分化した「**適応放散★**」の典型です。

江戸時代までは人の住まない島であったため「無人島」と名づけられ、そこから小笠原諸島は英語で「ボニン・アイランズ(Bonin-Islands)」とも呼ばれるようになりました。

人々が暮らすようになると、**外来種★**が島々に入り込み、固有の生態系が脅かされていることが問題になっています。

← 父島の周りには、多くの生物が暮らす青い海が広がっている。

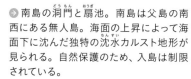

→ 南島の洞門と扇池。南島は父島の南西にある無人島。海面の上昇によって海面下に沈んだ独特の沈水カルスト地形が見られる。自然保護のため、入島は制限されている。

【小笠原諸島】小笠原群島と周辺の島々からなる。**【固有種】**P.027参照。**【適応放散】**起源を同じくする種が、環境に順応してさまざまに分化すること。**【外来種】**外部から入ってきた、本来その国や地域に生息していなかった種。

ミナミハンドウイルカ。小笠原諸島の近海では、ミナミハンドウイルカのほか、絶滅危惧種のマッコウクジラの繁殖も確認されている。

小笠原の森。固有種の割合が高く、日本本土では広く見られるブナやシイ、カシなどは存在しない。

絶滅した陸産貝類の一種ヒロベソカタマイマイの化石。約300万年前に日本本土からたどり着いたカタマイマイは、共通の祖先から30種以上に分化した。

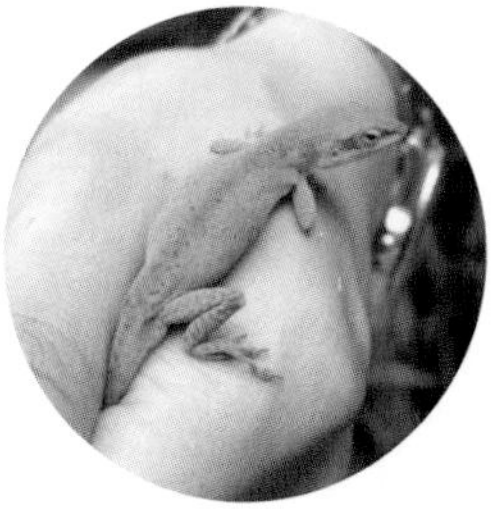

グリーンアノール。外来種のトカゲで、ペットとしてもち込まれたものが野生化。小笠原諸島の固有種を含む多くの昆虫が捕食されて減少するなどの被害が出ている。

小笠原群島ができるまで

小笠原群島(父島列島、母島列島、聟島列島)は、海底プレートが動くことでできる「海洋性島弧」である。5,000万年前にできた海底火山が噴火を繰り返し、やがて列島となった。また、小笠原群島は、高温のマグマが冷えてできる特殊な火山岩ボニナイト(無人岩)を、地上で見ることができる世界で唯一の場所である。

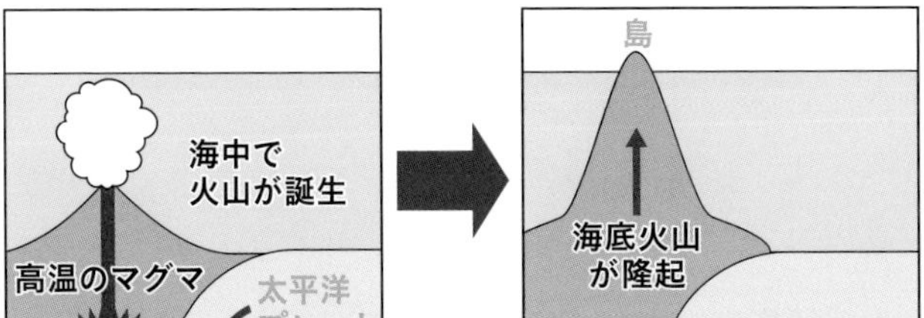

地上に露出したボニナイトの枕状溶岩。

似ている 遺産 はコレ!

エクアドル共和国

自然遺産

ガラパゴス諸島

Galápagos Islands

登録年 1978年／範囲拡大2001年　登録基準 ⑦⑧⑨⑩

『ガラパゴス諸島』は、エクアドル西方の太平洋上にある大小19の島と周辺の岩礁からなる火山群島です。一度も大陸と陸続きになったことがないため、イグアナやフィンチ★などの動植物が大陸と隔絶された環境で進化し、独自の生態系を生み出してきました。

この地を訪れたイギリスの博物学者**チャールズ・ダーウィン**★は、ゾウガメ★やウミイグアナ（写真）などの生物が、同じ種でも生息する島ごとにそれぞれ違った特徴をもっていることに気がつきました。特にフィンチは、島ごとにクチバシの長さや太さ、形など、違いが明らかでした。ダーウィンはこのことから進化論のアイデアを得て、『種の起源』を著しました。

観光地化や外来種の繁殖により危機遺産リストに記載されましたが、政府の取り組みが評価され、2010年に危機遺産リストを脱しました。

英語で説明しよう!

Part of the Japanese capital city Tokyo, the Ogasawara Islands are home to many endemic species★ of plants and animals that have evolved★ uniquely★.

【フィンチ】スズメの仲間の小鳥。クチバシの形が島ごとに異なるガラパゴス諸島の13種のフィンチは、「ダーウィン・フィンチ」と呼ばれる。**【チャールズ・ダーウィン】**19世紀のイギリスの博物学者。海軍の観測船ビーグル号の航海に参加したときの調査結果から、進化論のアイデアを得た。**【ゾウガメ】**甲羅（こうら）の長さが1mを超すような大型のリクガメ。スペイン語で「ゾウガメ」は「ガラパゴ」と呼ばれ、ガラパゴス諸島の名前の由来にもなっている。**【endemic species】**固有種 **【evolve】**進化する　**【uniquely】**独自に

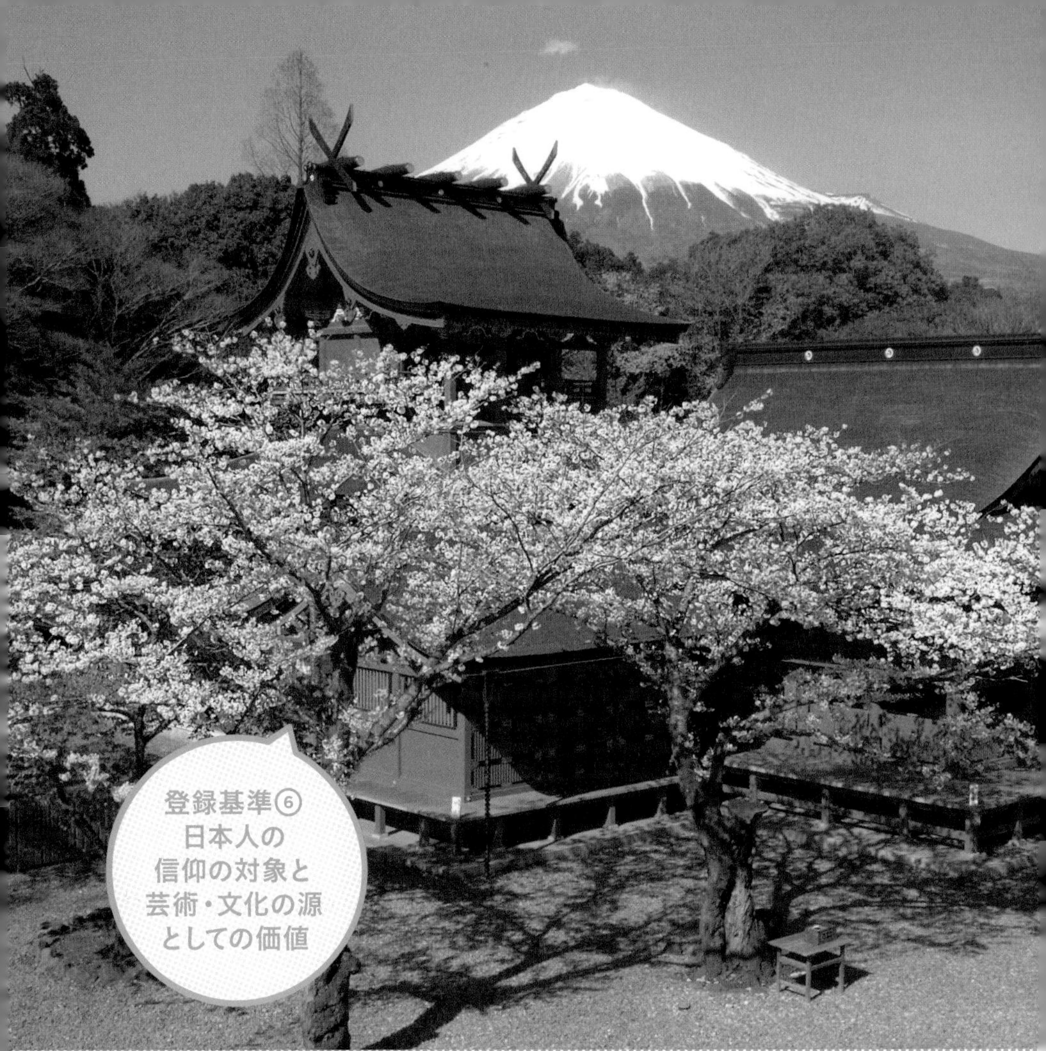

静岡県・山梨県

富士山－信仰の対象と芸術の源泉

文化遺産

Fujisan, sacred place and source of artistic inspiration

登録年 2013年

登録基準 ③⑥

古くから激しい火山噴火を繰り返してきた富士山は、人々から恐れられると同時に、霊山として神聖視されてきました。富士山の火山活動が最も激しかった時期にあたる806年、天皇は富士山の噴火を鎮めるよう坂上田村麻呂★に命じ、浅間大神（木花之佐久夜毘売命★）をまつる**富士山本宮浅間大社★**をつくらせました。のちに徳川家康が建てた2階建ての本殿は、「浅間造」と呼ばれる珍しいものです。

また富士山信仰では、ご神体である富士山そのものに登る**登拝★**が特徴です。江戸後期には、巡礼として富士山や周辺の霊場、神社などを巡る「**富士講★**」が信仰を集め、多くの人が富士山に登りました。

優美な富士山と周辺の景観は、信仰の対象だけでなく、芸術や文学、歌の題材でもあります。富士山を題材に含む文学では『万葉集』や『竹取物語』、太宰治の『富嶽百景』など、絵画（浮世絵）では葛飾北斎の『富嶽三十六景』や歌川広重の『東海道五十三次』などが知られています。

←富士山本宮浅間大社。離れた場所にある富士山の山頂も、その境内である。

→構成資産のひとつに含まれる吉田口登山道の入口。富士山の北麓にある北口本宮冨士浅間神社を起点とする登山ルートで、多くの富士講信者が利用した。現在では山麓から山頂まで徒歩で登ることのできる唯一の登山道である。

【坂上田村麻呂】平安時代の武官で征夷大将軍（せいいたいしょうぐん）を務めた。『古都京都の文化財』の清水寺（きよみずでら）を建てたことでも知られる。**【木花之佐久夜毘売命】**日本神話に登場する、水をつかさどる美しい女神。火の中で出産した神話があるため、安産や子育ての神でもある。**【富士山本宮浅間大社】**富士山により近い遥拝所（ようはいじょ）であった山宮浅間（やまみやせんげん）神社から、806年に現在の地に遷（うつ）された。**【登拝】**ご神体である山そのものに登ることが祈りにつながるという信仰形態。「とうはい」とも。**【富士講】**富士山を信仰し、富士登山や巡礼を行う集団。

三保松原。羽衣伝説★でも有名な、『万葉集』にも詠われた景勝地。富士山からの距離が40km以上もあり、事前の専門調査で除外を勧告されたが、最終的に登録された。

忍野八海。富士山北麓に位置し、富士山の雪解け水を水源とする8つの湧水池。

白糸ノ滝。富士五湖★や忍野八海などとともに、巡礼地となっている美しい自然環境。

葛飾北斎作の『富嶽三十六景★』のひとつ「凱風快晴」。

富士山の主な構成資産

構成資産は、静岡県と山梨県にまたがる文化遺産（神社や富士講の遺跡、登山道など）と自然（湖沼や滝、森林など）の25資産。寺はひとつも含まれていない。

①富士山域（登山道や西湖などを含む）
②富士山本宮浅間大社
③山中湖　④河口湖　⑤忍野八海
⑥白糸ノ滝　⑦三保松原

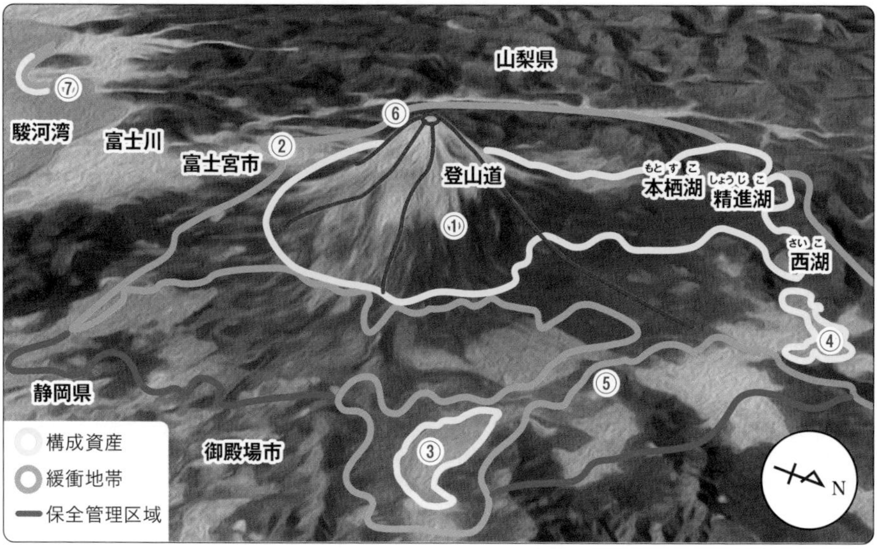

オーストラリア連邦

ウルル、カタ・ジュタ国立公園

複合遺産

Uluṟu-Kata Tjuṯa National Park

登録年 1987年／範囲拡大1994年　登録基準 ⑤⑥⑦⑧

『ウルル、カタ・ジュタ国立公園』は、オーストラリア大陸の中央部に位置するウルル（エアーズ・ロック★）（写真手前）と、カタ・ジュタ★（写真奥）と呼ばれる大小36の巨岩群を中心とする国立公園です。

ウルルは世界で2番目に大きな一枚岩★で、地殻変動（ちかくへんどう）によって海底にあった堆積物（たいせきぶつ）が地表に現れたものです。多くの鉄分を含んでいるため、鉄分が酸化した赤色に見えます。国立公園内では、貴重な生態系をもつ多くの動植物を見ることができます。

また、この地域では先住民**アボリジニ**が伝統的な生活を営んでいます。ウルルはアボリジニにとって聖地となっており、彼らの神話や伝承を描いた約1,000年前の岩壁画も数多く残されています。はじめ自然遺産として登録されましたが、1994年に文化的景観（文化遺産）の価値も認められて複合遺産となりました。

英語で説明しよう!

Fujisan(Mount Fuji) is the highest mountain in Japan and has been worshipped★ as a sacred mountain since early times. Its scenic★ beauty has been depicted★ in many paintings and works of literature.

【羽衣伝説】漁師が海辺で天女の羽衣をみつけ、美しい天女と出会うという伝説。**【富士五湖】**富士山麓（ふじさんろく）にある5つの湖の総称で、すべて世界遺産に含まれている。「山中湖」「河口湖」「本栖湖」「西湖」「精進湖」。**【富嶽三十六景】**葛飾北斎の代表的な浮世絵で、さまざまな場所から見える富士山と人々の暮らしなどが描かれている。**【エアーズ・ロック】**サウスオーストラリア植民地総督であったヘンリー・エアーズにちなんで「エアーズ・ロック」とも呼ばれる。**【カタ・ジュタ】**アボリジニの言葉で「たくさんの頭」という意味をもつ巨岩群。**【世界で2番目に大きな一枚岩】**世界で最も大きな一枚岩は、同じくオーストラリアにあるマウント・オーガスタス。**【worship】**崇拝する　**【scenic】**景色の　**【depict】**描く

登録基準⑤
伝統的家屋と
大家族制度に
みる伝統的集落
の価値

岐阜県・富山県

白川郷・五箇山の合掌造り集落

文化遺産

Historic Villages of Shirakawa-go and Gokayama

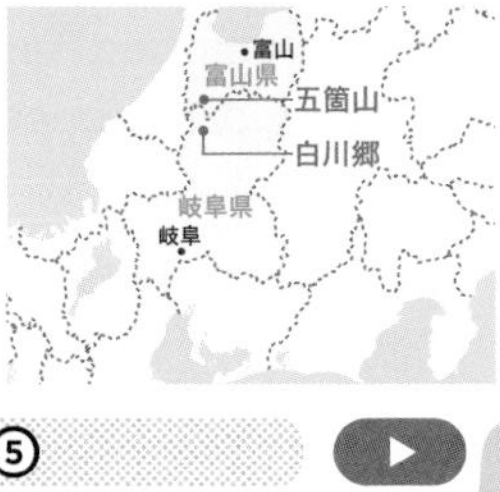

登録年 1995年

登録基準 ④⑤

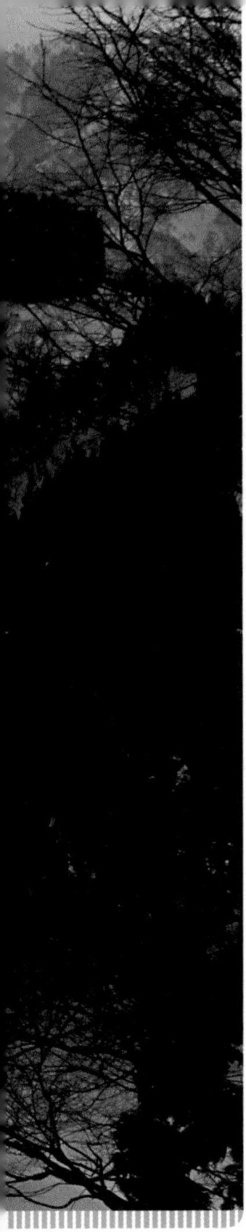

岐阜県にある白川郷と富山県にある五箇山は、いずれも庄川流域の山間部に位置する日本有数の**豪雪地帯**★です。ほかの土地との交流も少なかったため、第二次世界大戦後まで昔からの独自の生活文化や社会制度、習俗が残っていました。

この地域の合掌造り家屋は、山間の豪雪地帯での生活に合わせたつくりになっています。両手を合わせたような形の茅ぶき屋根は、45～60度の急な傾斜をもち、雪が落ちやすく水はけがよくなっています。また冬から春にかけて庄川沿いに強い風の吹く白川郷では、屋根の妻★を川の流れと同じ南北に向けて、風を受け流す工夫がされています。冬の長いこの地域では、少ない農業収入を補うために、江戸時代から**養蚕**や紙漉き、塩硝★の生産など家内手工業が盛んでした。その作業場として家屋の床が広いのも特徴です。この構造は、土地が少ない山間部で耕地が細分化しないよう伝統的に保たれてきた**大家族制**★にも適していました。

← 冬は雪に覆われる五箇山の合掌造り集落。

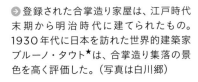

→ 登録された合掌造り家屋は、江戸時代末期から明治時代に建てられたもの。1930年代に日本を訪れた世界的建築家ブルーノ・タウト★は、合掌造り集落の景色を高く評価した。(写真は白川郷)

【豪雪地帯】白川郷のある白川村は、年間降雪量が1,000cm以上あり、特別豪雪地帯に指定されている。**【妻】**屋根の両側にある、傾斜のない三角形の壁の部分。**【塩硝】**火薬の原料となる物質で、蚕(かいこ)の糞(ふん)や植物を床下の土の中で数年ねかせたもの。**【大家族制】**一族が同じ家に暮らす生活様式で、白川郷では多いときで30～40人がひとつの合掌造り家屋で生活していたとされる。結婚できるのは家長と長男のみという時代もあった。**【ブルーノ・タウト】**20世紀初頭に活躍したドイツの建築家。世界遺産『ベルリンのモダニズム公共住宅』の設計者のひとり。

白川郷・五箇山の合掌造り家屋の特徴

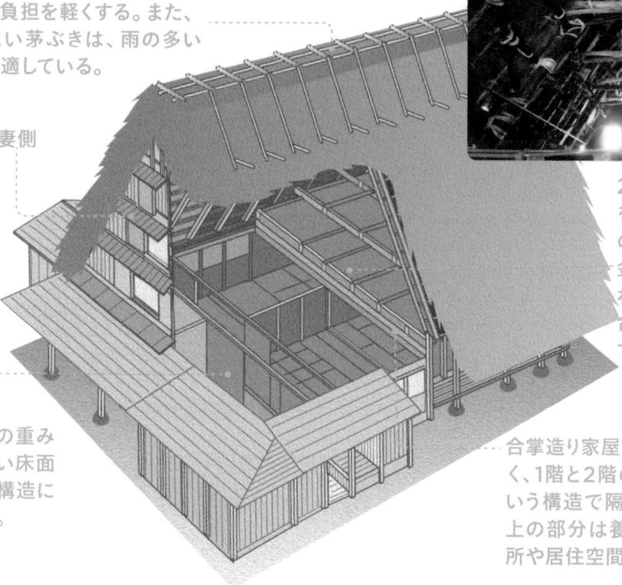

45〜60度の急傾斜の大屋根は、雪降ろしの負担を軽くする。また、水はけのよい茅ぶきは、雨の多いこの土地に適している。

妻側

2階から上は屋根を形成する三角形の部分。釘（くぎ）などの金属をいっさい使わず、木材を組み合わせて縄でしばってつくられている。

1階は屋根の重みを支え、広い床面積がとれる構造になっている。

合掌造り家屋では吹き抜けはなく、1階と2階の間をウスバリという構造で隔てている。2階以上の部分は養蚕などの作業場所や居住空間として利用される。

➡ 茅ぶき屋根は30〜40年に一度ふき替えられる。作業は古くから続く結（ゆい）★という互助（ごじょ）組織によって行われている。こうした伝統的な生活様式も、評価された。

⬆ 合掌造り家屋では、妻側に窓がある。窓は、冬季は囲炉裏（いろり）の煙を抜き、夏季は風を通して湿気を抑える役目がある。

⬆ 妻側を南北に向けて家屋が並ぶ白川郷。

似ている遺産はコレ!

イタリア共和国

アルベロベッロのトゥルッリ

文化遺産

The *Trulli* of Alberobello

登録年 1996年　登録基準 ③④⑤

トゥルッリ★は、イタリア南部のアルベロベッロ★を中心に見られる、16～17世紀に建てられた**円錐形の屋根**をもつ住宅です。壁は石灰石を積み重ねて漆喰を塗り、屋根は石灰石を円錐形に積み重ねて固定はされていません。それには理由があります。

当時の領主は、自身の君主であるナポリ王国★の役人が家屋にかかる税金を集めに来ると、住民に屋根を壊させ「家ではない」と主張して税金を逃れました。また、自分に従わない反抗的な住民の家を簡単に破壊して懲らしめもしました。18世紀末にナポリ王国の直轄地になると、トゥルッリはつくられなくなりました。

英語で説明しよう!

In the villages of Shirakawa-go and Gokayama, there are unique houses built in the *gassho* style★. This architectural style originates★ from the traditional way of living in this mountain area.

【結】多くのお金や労働を必要とする屋根のふき替えなどを、住民同士で助け合って行う互助組織。**【トゥルッリ】**ひとつの屋根をもつ部屋をトゥルッロと呼び、それがいくつか集まってひとつの家屋トゥルッリ(複数形)となる。**【アルベロベッロ】**ラテン語の古い地名から、「美しい木」を意味する「アルベロベッロ」と名づけられた。**【ナポリ王国】**13世紀末から19世紀にかけて、イタリア半島南部やシチリア島を支配した王国。**【*gassho* style】**合掌造り　**【originate】**生まれる

登録基準④
日本の各時代の
文化を代表する
建築と庭園
の価値

京都府・滋賀県

古都京都の文化財

文化遺産

Historic Monuments of Ancient Kyoto (Kyoto, Uji and Otsu Cities)

登録年 1994年

登録基準 ②④

794年、**桓武天皇**★は京都の地に都を移し、**平安京**と名づけました。以来、明治時代の1869年に東京が首都になるまで、京都は約1,000年間にわたり、都として日本の文化の中心であり続けました。その長い歴史のなかで、平安から江戸までの各時代の文化を反映する建築物や庭園がつくられました。

北と東西の三方を山に囲まれた平安京の内側には、教王護国寺(東寺)と西寺★以外の寺院を建てることが禁止されたため、周囲の山中にある僧坊などが延暦寺★や清水寺などとして整えられました。また、京都は長い歴史のなかで**応仁の乱**★など数々の戦乱の舞台となり、木造建築である寺社の多くは戦火により焼失してしまいましたが、そのたびに時の権力者や街の有力者の努力により再建、保存されてきました。

そうした努力も評価され、平安京遷都から1,200年の節目にあたる1994年、京都市と宇治市、滋賀県大津市に点在する寺社と城の17資産が、世界遺産に登録されました。

←1950年に焼失したため国宝の指定が解除され、鹿苑寺庭園の一部として世界遺産登録されている金閣。

→清水寺。坂上田村麻呂が創建。本堂は「清水の舞台」として知られる。江戸時代には、願掛けをしてこの舞台から飛び降りた人が200人以上いたとされ、そのうち約85%の人が無事であった。

【桓武天皇】在位781〜806年。坂上田村麻呂を征夷大将軍(せいいたいしょうぐん)とし、律令国家の強化･拡大をはかったほか、空海(くうかい)や最澄(さいちょう)を遣唐使として唐へ留学させるなどした。**【西寺】**平安京の羅城門(らじょうもん)を挟んで東寺と対(つい)になっていた寺院。現在は礎石の一部のみが残る。構成資産ではない。**【延暦寺】**平安時代初期に最澄が開いた、滋賀県の比叡山(ひえいざん)にある寺院。構成資産のひとつ。**【応仁の乱】**室町幕府8代将軍足利義政(あしかがよしまさ)の後継者争いが原因の内乱。主な戦場であった京都全域が大きな被害を受けた。

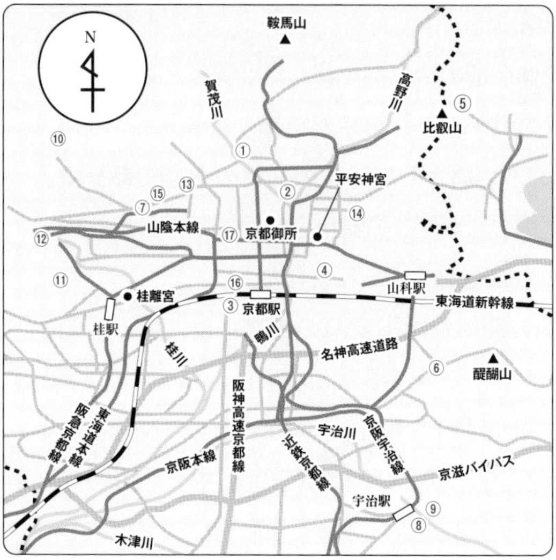

①賀茂別雷神社(上賀茂神社)
②賀茂御祖神社(下鴨神社)
③教王護国寺(東寺)
④清水寺
⑤延暦寺
⑥醍醐寺
⑦仁和寺
⑧平等院
⑨宇治上神社
⑩高山寺
⑪西芳寺(苔寺)
⑫天龍寺
⑬鹿苑寺(金閣寺)
⑭慈照寺(銀閣寺)
⑮龍安寺
⑯本願寺(西本願寺)
⑰二条城

東寺。8世紀末に創建され、その後空海に与えられた。五重塔は京都駅からも見える。

下鴨神社として知られる賀茂御祖神社。7世紀末の創建。31棟の重要文化財と神域の「糺の森」を含む。

慈照寺(銀閣寺)。室町幕府8代将軍足利義政が建てた別邸を禅寺としたもの。観音殿(銀閣)が有名。

龍安寺。15世紀中ごろに禅宗寺院として整えられた。枯山水で有名な「石庭」には、黄金比や遠近法なども用いられている。

平等院。11世紀半ばに関白藤原頼通が建立。阿弥陀堂(鳳凰堂)以外は14世紀の戦火で焼失した。

似ている
遺産
はコレ!

フランス共和国

文化遺産

パリのセーヌ河岸

Paris, Banks of the Seine

登録年 1991年／範囲変更2024年　登録基準 ①②④

古代ローマによる都市建設から2,000年以上、パリはヨーロッパの中心都市として発展してきました。その歴史のなかで、セーヌ河岸(かがん)には、**ノートル・ダム大聖堂**★(写真)やサント・シャペル★、アンヴァリッド★、エッフェル塔★などの建物が次々と建てられました。

古くより河川交通の要衝としてノートル・ダム聖堂のあるシテ島を中心に栄えてきましたが、14世紀にセーヌ右岸★にあるルーヴル宮★(現在のルーヴル美術館)が王宮となると、右岸は政治や経済の中心地として発展しました。一方で、左岸はカルティエ・ラタン★を中心に学問と文化の中心地となりました。19世紀後半には都市改造が行われ、建物の高さ制限や直線の道路など景観を重視した計画的な街並(まちなみ)がつくられました。そうしたセーヌ河岸の街並が、世界遺産に登録されています。

英語で説明しよう!

Kyoto was the center of Japanese culture for more than 1,000 years. The shrines, temples and castle that remain★ show the cultures and the architectural styles of various periods in history.

【ノートル・ダム大聖堂】12世紀に建築が始まったゴシック建築を代表する大聖堂。「ノートル・ダム(我々の貴婦人)」とは聖母マリアのこと。2019年に火災にあった。**【サント・シャペル】**13世紀半ばに聖遺物を納めるために築かれた聖堂。ゴシック建築の傑作のひとつ。**【アンヴァリッド】**17世紀に、ルイ14世がけがをした兵士を治療するために築いた施設。**【エッフェル塔】**1889年のパリ万博のためにエッフェルが設計した塔。**【セーヌ右岸】**川下に向かって右側が右岸。パリはセーヌ川の北側が右岸にあたる。**【ルーヴル宮】**12世紀に起源をもつ宮殿。1682年にヴェルサイユ宮殿に遷されるまで歴代の王宮として使われた。**【カルティエ・ラタン】**フランス語で「ラテン地区」という意味。**【remain】**残っている

奈良県

古都奈良の文化財

文化遺産

Historic Monuments of Ancient Nara

登録年 1998年

登録基準 ②③④⑥

奈良の平城京が都であったのは、710年から784年までのわずか74年間だけです。しかし、その間に高い水準の芸術や国際色豊かな**天平文化**★が花開き、また律令国家として古代日本の基礎が築かれるなど、その後の日本の文化や社会に大きな影響を与えました。

平城京は、『万葉集★』に「あをによし 奈良の都は 咲く花の 薫ふがごとく 今盛りなり」と詠まれるほどに栄えました。しかし、戦乱や疫病、災害も相次いだため、**聖武天皇**★は災いを鎮めようと仏教を篤く信仰します。国家鎮護のために築かせた全国各地の国分寺と国分尼寺の総本山として奈良に東大寺を置き、**盧舎那仏**(大仏)建立の詔★を発しました。

奈良の寺院や神社では、8世紀に朝鮮半島から日本に伝わり独自の発展をとげた仏教建築様式を見ることができます。また、当時の木造建造物は中国や朝鮮半島にはほとんど残っていないため、奈良の建造物群は建築技術の交流を知る上でも重要です。

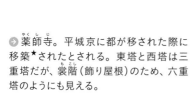

← 752年に完成した盧舎那仏坐像(大仏)。何度も戦禍にあい、胴体下部と台座のみ創建時のもの。

→ 薬師寺。平城京に都が移された際に移築★されたとされる。東塔と西塔は三重塔だが、裳階(飾り屋根)のため、六重塔のようにも見える。

【天平文化】平城京を中心に花開いた、貴族的で仏教の要素が強い文化。**【万葉集】**7世紀後半から8世紀後半にかけて編集された日本最古の和歌集。**【聖武天皇】**仏教を厚く保護した8世紀の天皇。農民に開拓をすすめ、開拓地を私有地にすることができる「墾田永年私財法(こんでんえいねんしざいほう)」を出した。**【詔】**天皇が出す命令のこと。**【移築】**国宝である東塔は、平城京において新築されたとの説が有力。

東大寺金堂（大仏殿）。盧舎那仏（大仏）を覆うお堂として、大仏の鋳造と並行してつくられた。現在の大仏殿は、江戸時代に再建されたもの。

春日大社。平城京の守護を祈願して藤原氏が建てた。神が白鹿に乗ってきたという伝説から、鹿を神の使いとしている。

東大寺の正倉院正倉（宝庫）。聖武天皇が残した宝物や仏具などが納められた。宝物からはペルシアなど西域の文化の影響が認められる。

唐招提寺。唐の高僧鑑真和上★ゆかりの寺。奈良時代の宮殿様式を伝える講堂、平成の大修理でよみがえった金堂、校倉造りの経蔵がある。

興福寺。710年、藤原不比等★によって平城京に移転された。五重塔は『古都京都の文化財』の教王護国寺（東寺）のものに次ぐ２番目の高さ。

現在の奈良と平城京の範囲

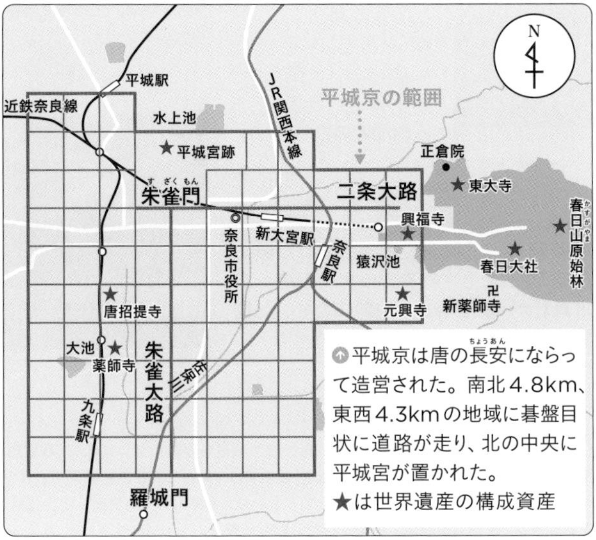

平城京は唐の長安にならって造営された。南北4.8km、東西4.3kmの地域に碁盤目状に道路が走り、北の中央に平城宮が置かれた。
★は世界遺産の構成資産

似ている
遺産
はコレ!

イタリア共和国

フィレンツェの歴史地区

文化遺産

Historic Centre of Florence

登録年 1982年／範囲変更2015年、2021年、2023年 登録基準 ①②③④⑥

フィレンツェは、イタリアで14世紀に始まった**ルネサンス★**の文化や建築を今に伝える街です。商業により都市が力をもったことで、古い封建領主や教会権力によるしがらみを打ち破る自由な文化が花開きました。

フィレンツェは、12世紀ごろから毛織物業や金融業で栄え始め、14世紀初めには人口約13万人の大都市になりました。そうしたなか、金融業で成功したメディチ家★が15世紀半ばにフィレンツェの市政を握ります。その財力と政治力でレオナルド・ダ・ヴィンチ★やミケランジェロ★、ボッティチェリなど多くの芸術家を支援して、フィレンツェは芸術の都として繁栄しました。

巨大なドーム天井をもつサンタ・マリア・デル・フィオーレ大聖堂（写真）は、ルネサンス建築の代表とされています。またミケランジェロ作のダヴィデ像が立つ政庁舎(せいちょうしゃ)ヴェッキオ宮は、一時メディチ家の住居として使用されました。

英語で説明しよう!

Heijo-kyo was the capital of Japan in the 8th century. Influenced by★ the cultures of Tang Dynasty★ China and western Asia, cosmopolitan★ culture known as Tenpyo developed there.

【鑑真和上】7～8世紀の中国の僧。日本に渡り、仏教の戒律を伝えた。**【藤原不比等】**飛鳥・奈良時代の公卿。平城京遷都に尽力した。**【ルネサンス】**古代ギリシャやローマの文化・建築を模範とした芸術運動。「ルネサンス」は「再生」の意味。**【メディチ家】**フィレンツェの金融財閥。**【レオナルド・ダ・ヴィンチ】**ルネサンスを代表する芸術家で、さまざまな分野に功績を残した。**【ミケランジェロ】**ルネサンス最高の芸術家のひとりとされ、多くの彫刻作品や絵画を残した。
【influenced by～】～の影響を受けて　**【Tang Dynasty】**唐　**【cosmopolitan】**国際的な

登録基準②
大陸や朝鮮半島
との文化交流や
仏教伝来を伝える
価値

奈良県

法隆寺地域の仏教建造物群

文化遺産

Buddhist Monuments in the Horyu-ji Area

登録年 1993年

登録基準 ①②④⑥

奈良の斑鳩の里に建つ法隆寺は、6世紀後半に厩戸王（**聖徳太子**★）が建てた若草伽藍（斑鳩寺）を起源とするものです。

厩戸王は、推古天皇★の摂政★として天皇中心の国づくりと政治改革に取り組みました。冠位十二階★や十七条憲法★を定めて官僚制度を整えたほか、遣隋使を大陸に派遣して政治制度や文化を積極的に吸収します。また、当時最先端の思想であった仏教を取り入れて、日本において仏教が栄える基礎を築きました。

若草伽藍は670年に焼失しましたが、8世紀初頭に法隆寺として現在の姿に再建されました。西院と東院の2つの伽藍★からなり、西院の金堂や五重塔は現存する**世界最古の木造建築**です。一方、法隆寺から約1.5km離れた法起寺には、日本最古の三重塔が、706年につくられた当時のままの姿で残されています。この地域の建造物群は、仏教が日本に伝わって間もない**飛鳥時代**★の建築様式を伝えるものとして貴重です。

← 五重塔と金堂が横に並ぶ法隆寺式伽藍配置の西院。

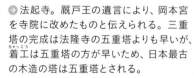

→ 法起寺。厩戸王の遺言により、岡本宮を寺院に改めたものと伝えられる。三重塔の完成は法隆寺の五重塔よりも早いが、着工は五重塔の方が早いため、日本最古の木造の塔は五重塔とされる。

【聖徳太子】厩戸王の後世につけられた呼び名が「聖徳太子」であったとされる。**【推古天皇】**日本初の女性の天皇。厩戸王は推古天皇の甥（おい）にあたる。**【摂政】**君主に代わって政務を行う人、またはその官職名。**【冠位十二階】**朝廷に仕える臣下を12の位に階級分けした制度。**【十七条憲法】**貴族や官僚に道徳的な規範（きはん）を示した17条の条文。**【伽藍】**金堂（本堂や仏殿）、仏塔（ブッダの遺骨を納める塔）など、寺院の主要な建造物群のこと。**【飛鳥時代】**飛鳥に都が置かれていた時代。仏教を中心とする文化が栄えた。

法隆寺の伽藍配置と法隆寺周辺

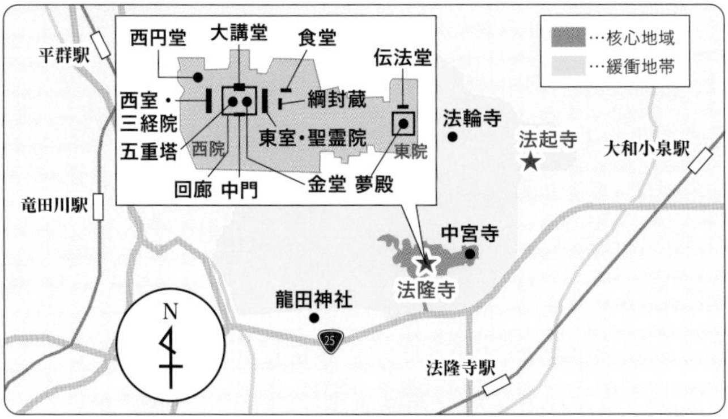

★は世界遺産の構成資産　●は厩戸王(聖徳太子)ゆかりの寺社

↓エンタシス★の柱。法隆寺の柱には、古代ギリシャ建築などでも見られる、エンタシスが用いられている。

←西院の中門。「四間門」と呼ばれる、入口の中央に柱の立つ珍しい造りの門。両脇には金剛力士像が置かれている。

↑金剛力士(吽形)。法隆寺中門には左右に阿形と吽形の2体の金剛力士像が立つ。

五重塔の内部

五重塔の中心には「心柱」がある。屋根とつながっていないため、心柱がしなって地震などの揺れを逃がす造りになっている。

それぞれの屋根は心柱とつながっていない

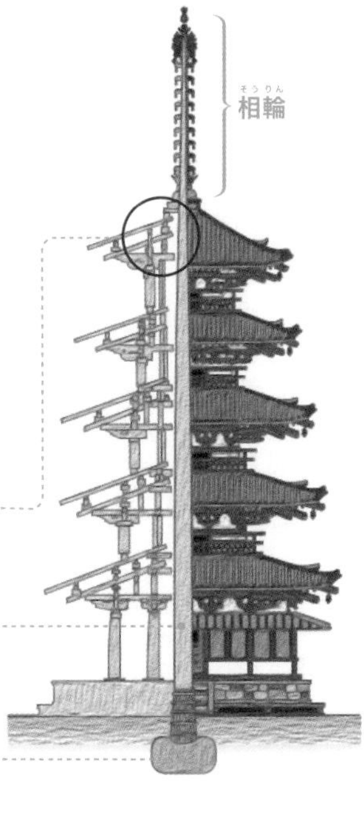

トルコ共和国

イスタンブルの歴史地区

文化遺産

Historic Areas of Istanbul

登録年 1985年／範囲変更2017年　登録基準 ①②③④

アジアで最も西に位置する都市であるイスタンブルは、ボスフォラス海峡★を挟んで、アジア側のアナトリア半島★とヨーロッパ側のバルカン半島★の両岸にまたがっており、東西文明が接する国際都市です。世界遺産の歴史地区はバルカン半島側にあります。

紀元前7世紀ごろには古代ギリシャの植民都市ビザンティオンと呼ばれていましたが、ローマ帝国時代の4世紀には皇帝の名前をとってコンスタンティノープルと改称されました。15世紀にオスマン帝国★の首都となるとイスタンブルと呼ばれるようになりました。

こうした地理的・歴史的な理由に加えて、オスマン帝国がキリスト教ギリシャ正教会の大聖堂であった**アヤ・ソフィア**★(写真)などをイスラム教のモスクとして転用したため、イスタンブルではキリスト教とイスラム教が混ざり合った独自の文化を見ることができます。

英語で説明しよう!

Horyu-ji and Hoki-ji, connected with Umayato-Oh known as Prince Shotoku★, are the oldest surviving★ wooden buildings in the world. They are evidence of the exchanges between Japan and the Eurasian★ Continent.

【エンタシス】柱の中央部がゆるやかにふくらんだ形。**【ボスフォラス海峡】**黒海から地中海へと向かう入口となる海峡。**【アナトリア半島】**アジア大陸の最も西にあり、トルコの大部分を占める半島。**【バルカン半島】**ヨーロッパ南東部の半島で、ギリシャなどの国々がある。**【オスマン帝国】**アナトリア半島で生まれたイスラム王朝で、16世紀に最盛期を迎えた。**【アヤ・ソフィア】**キリスト教の聖堂からイスラム教のモスクに転用された。1935年から無宗教の博物館だったが、2020年にモスクに戻された。**【Prince Shotoku】**聖徳太子　**【survive】**現存する　**【Eurasian】**ユーラシアの

奈良県・三重県・和歌山県

紀伊山地の霊場と参詣道

文化遺産

Sacred Sites and Pilgrimage Routes in the Kii Mountain Range

登録年 2004年／範囲変更2016年
登録基準 ②③④⑥

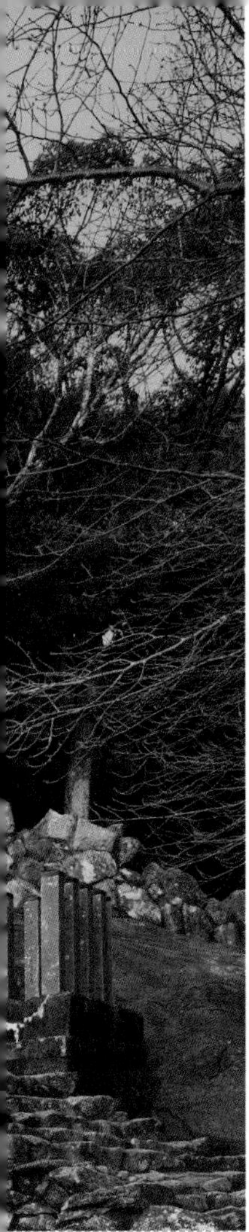

奈良と和歌山、三重の３県にまたがる紀伊山地の深い山の中に、「吉野・大峯」、「熊野三山」、「高野山」の３つの霊場と、それらを結ぶ参詣道★があります。それぞれの寺院や神社と自然環境などが、神道と仏教が混ざり合った**神仏習合**★の思想をよく表す**文化的景観**★をつくり上げています。

熊野には、日本神話の中で、神武天皇が熊野の八咫烏★に導かれて東征★を行い初代天皇に即位したという逸話が残ります。古くから、吉野・大峯と並ぶ修験道の聖地として知られていましたが、平安時代後期に阿弥陀信仰★における浄土として信仰を集めるようになり、後白河上皇などの皇族や貴族が**熊野詣**を行いました。室町時代以降は一般の人々も熊野を参詣するようになり、参詣道を歩く人々を、蟻が行列する姿になぞらえて「蟻の熊野詣」と呼ぶほどにぎわいました。

しかし、江戸時代後期の神仏分離★の流れをきっかけに、熊野信仰は衰退しました。

←熊野速玉大社にある神倉神社は、熊野の神が降り立ったとされるゴトビキ岩をご神体としている。

→熊野三山に至る熊野参詣道。「熊野古道」とも呼ばれる。深い森林の中に張り巡らされ、紀伊山地に点在する霊場をつないでいる。2016年に熊野参詣道の中辺路と大辺路の18地点が、高野参詣道の４地点とともに追加登録された。

【参詣道】参詣道のうち保存状態のよい部分が世界遺産登録されている。2016年には約40kmが追加登録された。**【神仏習合】**P.035参照。**【文化的景観】**P.007参照。**【八咫烏】**太陽の化身とされる、３本の足をもったカラス。**【東征】**『古事記』などに書かれた、神武天皇が大和を征服して即位するまでの話。**【阿弥陀信仰】**死後、阿弥陀仏に導かれて極楽浄土で仏となることを説く教え。**【神仏分離】**神道の神と仏教の仏を、はっきりと区別すること。江戸時代後期より唱えられ、明治政府の神仏分離令で決定的となった。

参詣道とその特徴

①高野参詣道は、高野山の入り口にあたる慈尊院から高野山奥の院までの道。
②大峯奥駈道は「吉野・大峯」から「熊野三山」を結ぶ山道。修験者の修行の道であった。
※色のついた道の一部が登録範囲
奈良県
三重県
伊勢神宮
N
吉野山
金峯山寺
高野参詣道
高野山
金剛峯寺
大峯奥駈道
小辺路
熊野本宮大社
中辺路
紀伊路
伊勢路
和歌山県
熊野
速玉大社
熊野那智大社
大辺路
伊勢路は、伊勢神宮と熊野三山を結ぶ。
③熊野参詣道は京都や奈良などから熊野三山に至る道で、伊勢路と紀伊路がある。

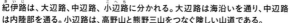

紀伊路は、大辺路、中辺路、小辺路に分かれる。大辺路は海沿いを通り、中辺路は内陸部を通る。小辺路は、高野山と熊野三山をつなぐ険しい山道である。

那智大滝。那智川にある48の滝のうちの「一の滝」で、熊野那智大社と青岸渡寺の信仰対象となっている。

熊野本宮大社。修験道の聖地で、熊野速玉大社や熊野那智大社とともに「熊野三山」と呼ばれる。

金剛峯寺の根本大塔。金剛峯寺は、空海★が開いた真言密教の寺院が一帯に広がる高野山の中心地。

金峯山寺の蔵王堂。修験道の本尊である蔵王権現をまつる、霊場としての吉野の中心的存在。

吉野水分神社。水をつかさどる天水分命などがまつられている。現在の社殿は、豊臣秀吉の子秀頼によって再建された。

似ている遺産はコレ!

スペイン

サンティアゴ・デ・コンポステーラの巡礼路：カミノ・フランセスとスペイン北部の道

文化遺産

Routes of Santiago de Compostela: *Camino Francés* and Routes of Northern Spain

登録年 1993年／範囲拡大2015年　登録基準 ②④⑥

スペイン北西部でキリスト教十二使徒のひとり**聖ヤコブ★**の墓が見つかると、エルサレム★やヴァティカン★に次ぐ聖地として、ヨーロッパ各地から王侯貴族や民間人の巡礼者が集まりました。最盛期の12世紀には、墓の場所にサンティアゴ・デ・コンポステーラ大聖堂が建てられ、フランスからスペインに入り、その北部を東西に走る巡礼の道を、年間50万人もの巡礼者が通ったとされます。現在、フランス側★とスペイン側で別の世界遺産として登録されています。

この道はまた、巡礼者のほかに商人や職人、騎士なども行き交う文化交流の道でもありました。巡礼路沿いには、巡礼者のための病院や安い宿泊施設、教会や聖堂などが残されており、現在でも多くの巡礼者がそれらを利用しながら大聖堂を目指しています。道中至るところで、聖ヤコブのシンボルであるホタテ貝の印★が見られます。

英語で説明しよう!

In the Kii Mountain Range there are three sacred sites, including shrines and temples showing the fusion of Shinto and Buddhism unique to★ Japan. These buildings and the surrounding nature have been protected for over 1,000 years.

【空海】平安時代初期の僧で、真言宗を開いた。弘法大師とも。**【聖ヤコブ】**新約聖書に登場するイエスの使徒。スペイン語では「サンティアゴ」。墓が発見されたとき、キリスト教徒がイスラム教徒から土地を奪いかえす「レコンキスタ」の最中であったため、聖ヤコブはスペインの守護聖人となっている。**【エルサレム】**この地でイエスが磔(はりつけ)にされ処刑されたあとに復活したとされる。**【ヴァティカン】**イエスの使徒ペテロの墓があるとされる、キリスト教カトリックの中心地。**【フランス側】**パリなどを始点とする4つの巡礼路や聖堂などが登録されている。**【ホタテ貝の印】**聖ヤコブは漁師で、網の手入れをしているときにイエスと出会い弟子になったため、ホタテ貝がシンボルとなった。**【unique to～】**～に特有の

大阪府

百舌鳥・古市古墳群

文化遺産

Mozu-Furuichi Kofun Group: Mounded Tombs of Ancient Japan

登録年 2019年／範囲変更2023年

登録基準 ③④

4世紀後半から6世紀前半頃、ヤマト王権★の中心地であった奈良や大阪の辺りには、多くの古墳がつくられました。そのうち、日本最大の「**仁徳天皇陵古墳（大仙古墳）**」（にんとくてんのうりょう／だいせん）や体積が日本一の「**応神天皇陵古墳（誉田御廟山古墳）**」（おうじんてんのうりょう／こんだごびょうやま）など、様々な大きさや形の古墳45件49基★が登録されています。

巨大な古墳には、国内に対してヤマト王権の権力の大きさを示す意味と、海外の国々に対して王権の偉大さを示す意味がありました。そのため、古墳群は海上交易の窓口であった大阪湾を望む台地の上につくられ、仁徳天皇陵古墳（大仙古墳）などは交易船からよく見えるように一番長い辺を大阪湾に向けています。また墳丘（ふんきゅう）の斜面には日の光を反射する石（葺石（ふきいし））が敷き詰められ、平らなところには多くの**埴輪**（はにわ）が並べられていました。

古墳の埋葬品には、須恵器（すえき）★や埴輪、シルクロードを通って伝わってきたガラスの器、金の帯飾りなど、国際色豊かなものが多くあります。しかし、交易品とともに伝わった仏教の影響で、天皇の棺を守る役割は古墳から寺院に移っていきました。

← 百舌鳥古墳群を代表する仁徳天皇陵古墳（大仙古墳）。三重の堀を含めた全体の長さは840m、周囲は2.8kmにもなる。

→ 堺市にある百舌鳥古墳群。写真右側の仁徳天皇陵古墳をはじめ、大小23基の古墳がある。写真の奥が大阪湾で、海は現在よりも近かった。

【ヤマト王権】 3〜7世紀に奈良の大和地方を中心に諸豪族を統一した日本の古代王朝。**【45件49基】** 数が異なるのは、大きな古墳には陪冢（ばいちょう）と呼ばれる小型の古墳が附属していることがあり、それを合わせて1件と数えているため。
【須恵器】 朝鮮半島から伝わった硬い焼き物。

百舌鳥古墳群の南西部にある履中天皇陵古墳(ミサンザイ古墳)。墳丘の長さは365mで日本第3位。一部は仁徳天皇陵古墳より古い時代につくられたとされる。

いたすけ古墳。墳丘の長さは146m。冑形の埴輪が出土した。市民を中心とした保存運動が有名。

古市古墳群の城山古墳出土の水鳥の埴輪。大きいものは高さ1mを超える。

御廟山古墳。墳丘の長さは203m。現在の神社建築につながる家形埴輪が出土した。

古市古墳群の峯ヶ塚古墳から出土した装飾品のガラス玉(上)と花形飾り(下)。

	仁徳天皇陵	クフ王のピラミッド	秦の始皇帝陵
全長	**約486m**	約230m	約350m
高さ	約35.8m	約146m	約76m
体積	約140万㎥	約260万㎥	約300万㎥

百舌鳥・古市古墳群世界文化遺産登録推進本部会議作成資料を基に作図

似ている
遺産
はコレ!

中華人民共和国

始皇帝陵と兵馬俑坑

文化遺産

Mausoleum of the First Qin Emperor

登録年 1987年　登録基準 ①③④⑥

中国の西安にある始皇帝陵は、紀元前221年に中国で初めて統一国家を築いた**秦の始皇帝**のお墓です。始皇帝は即位するとすぐに建設を始め、約40年かけて完成させました。つくられた当時は東西580m、南北1,355mの敷地に、ピラミッドの頂点を平らにしたような形の巨大な墳丘や神殿、祭祀施設などがあり、総面積は約56㎢にも及びました。墳丘は、文化財保護のために現在も発掘が行われていませんが、地下には巨大な宮殿があると考えられています。

始皇帝陵の近くからは、実物大の兵馬俑★(写真)や青銅製の武器などが並べられた兵馬俑坑が発見されました。約8,000体もある兵士の像は、それぞれ顔立ちや表情などが異なり、かつては色も塗られていました。多くの兵馬俑は、秦と敵対した国々があった東向きに立っており、死後の世界でも皇帝を守る意味があったと考えられています。

英語で説明しよう!

On a plateau★ above the Osaka Plain, there are varied types of old burial mounds★ which testify the Japanese ancient social system. The tomb★ of Emperor Nintoku is the largest burial mound in Japan.

【兵馬俑】兵士や軍馬をかたどった陶製の像。【plateau】台地　【old burial mound】古墳　【tomb】墓

登録基準④
日本の木造城郭
建築の傑作が示す、
建築技術の価値

兵庫県

姫路城

文化遺産

Himeji-jo

登録年 1993年

登録基準 ①④

姫路城は、戦国時代末期に羽柴（豊臣）秀吉が砦から天守をもつ城に改修したものです。江戸時代初期の**池田輝政**★の大改築や本多忠政★の増築を経て、ほぼ現在の姿となりました。

明治時代、廃城令★により姫路城はわずか23円50銭（現在の十数万円★）で国から民間に払い下げられ解体が計画されましたが、巨額の解体費用のために中止されました。また第二次世界大戦では、姫路城の白い壁が空襲の目標にならないように黒い網がかけられて奇跡的に焼失を免れるなど、さまざまな危機を乗り越えて現在も美しい姿を見せています。

木造城郭の姫路城は、これまで何度も**真正性**★に基づく修復を経て保護されてきました。姫路城の大天守は、礎石がその重さを支えられず、築城当初から「東に傾く姫路の城は花のお江戸が恋しいか」と詠われるほど傾いていました。そのため、1956年に始まった「**昭和の大修理**」では、天守閣を解体して礎石などを取り替える大規模な修復が行われました。

白く美しい外見から、「白鷺城」とも呼ばれる。「平成の大修理」で壁や瓦の白さを取り戻した。

姫路城と城下。もとは現在の姫路市の北側にある姫山を中心に築かれた城郭だったが、中国地方を支配する毛利氏に対抗するため、豊臣秀吉が天守閣を備えた本格的な平山城★に改修した。

【池田輝政】姫路藩初代藩主で、姫路城を現在の姿に改築した。**【本多忠政】**姫路城の城主となり、西の丸などを増築した。**【廃城令】**明治政府が1873年に発した政令。陸軍省が管理する城以外は、取り壊し売却することがすすめられた。**【十数万円】**日銀金融研究所貨幣博物館HPに基づく換算。**【真正性】**木造の建築であれば木造のまま修復するなど、建築物などが文化的伝統を受け継いでいることを重視する概念。**【平山城】**平野にある山や丘陵を利用して築かれた城。

石落。攻めてきた敵に石や熱湯をかける仕掛け。

大天守の屋根は数種類の破風★をもつ。合掌部分が三角のものが千鳥破風(上)、曲線のものが唐破風(下)。

狭間。城壁には、矢や鉄砲を撃つための狭間と呼ばれる小窓が設けられている。

いろは順に名づけられた門のひとつ「ぬの門」。

天守の内部。攻めてくる敵を窓から攻撃する石打棚という段が設けられている。

大天守までは迷路のような曲輪★を通り、10以上の狭い門を抜けなければならない。

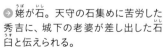

姥が石。天守の石集めに苦労した秀吉に、城下の老婆が差し出した石臼と伝えられる。

デンマーク王国

クロンボー城

文化遺産

Kronborg Castle

登録年 2000年　登録基準 ④

デンマークとスウェーデンがわずか4kmの距離で面するエアスン海峡沿いの岬に立つクロンボー城は、デンマーク国王フレゼリク2世★が16世紀に完成させた城です。

この地には、もともと海峡を渡る船から税金を徴収するための砦が建っていました。フレゼリク2世はその砦をスウェーデンとの戦争のために約10年かけてルネサンス様式で改築し、城塞としました。また17世紀末には大砲の進歩に対応するため、飛距離が伸びた砲弾が城に届かないよう、城の周りに稜堡(りょうほ)★が築かれました。

王宮としての華やかさよりも、要塞としての雰囲気が強いクロンボー城の地下には、暗く迷路のようなダンジョン（地下牢(ろう)）が広がっています。また、イギリスの劇作家ウィリアム・シェイクスピア★の四大悲劇のひとつ『**ハムレット**★』に登場する城のモデルとなったことでも知られています。

英語で説明しよう！

Himeji-jo is a castle which is famous for its great wooden structure★. The castle is also known as *Shirasagi-jo*, because of its beautiful white plastered walls★.

【破風】屋根の端についている合掌型の装飾。**【曲輪】**土や石垣によって分けられた、城中の建造物のための区画。**【フレゼリク2世】**デンマークのルネサンス期を代表する王。**【稜堡】**城郭や要塞の周りの、外に向かって突き出した部分。**【ウィリアム・シェイクスピア】**16～17世紀初頭にかけて活躍した劇作家で詩人。シェイクスピアはクロンボー城を訪れたことはない。**【ハムレット】**デンマークの王子ハムレットが、父を殺して王位を奪った叔父に復讐（ふくしゅう）を果たす悲しい戯曲。シェイクスピアの戯曲のなかで最も長い。**【wooden structure】**木造建築　**【plastered walls】**漆喰（しっくい）の壁

島根県

石見銀山遺跡とその文化的景観

文化遺産

Iwami Ginzan Silver Mine and its Cultural Landscape

登録年 2007年／範囲変更2010年

登録基準 ②③⑤

大航海時代と呼ばれる16世紀半ば、西欧諸国は東南アジアに拠点を置き、さらに東の日本を目指しました。日本が「黄金の国」ではなく、「銀の国」であることがわかったためです。

日本の銀産出の中心であった石見銀山は、周防★守護の大内氏が14世紀初頭に発見しました。東アジアから伝わった**灰吹法**★の導入で飛躍的に銀産出量が増し、日本は銀の輸入国から輸出国となります。明★との交易を行っていた西欧諸国は、明に近い日本から銀を調達したため石見銀山も大いに栄えました。最盛期の17世紀初めには、日本の銀産出量のほとんどとなる、年間約40tの銀★を産出したと考えられています。

安定的に大量の銀を産出するために、**間歩**★と呼ばれる坑道をもつ鉱山のほか、集落や城、代官所、街道、港、寺社などの社会基盤も整えられました。また、銀の精錬の際の燃料となる薪炭材★を確保するために周囲の森林も大切に管理され、閉山した今も自然と調和した**文化的景観**★が残されています。

代官所直営の間歩であった龍源寺間歩。

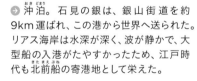

沖泊。石見の銀は、銀山街道を約9km運ばれ、この港から世界へ送られた。リアス海岸は水深が深く、波が静かで、大型船の入港がたやすかったため、江戸時代も北前船の寄港地として栄えた。

【周防】現在の山口県南部を中心とする地域。**【灰吹法】**鉱石を鉛(なまり)に溶かしてから効率よく銀を取り出す技術。**【明】**1368年に朱元璋(しゅげんしょう)が建国した、江南から興(おこ)った中国史上唯一の統一王朝。**【年間約40tの銀】**当時の世界の銀の半分はボリビアのポトシ銀山が産出。石見銀山は約3分の1で、世界第2位だったとされる。**【間歩】**銀などの鉱石をとるための手掘りの坑道。(明治以前の呼び名。)**【薪炭材】**燃料として用いる木材。**【文化的景観】**P.007参照。

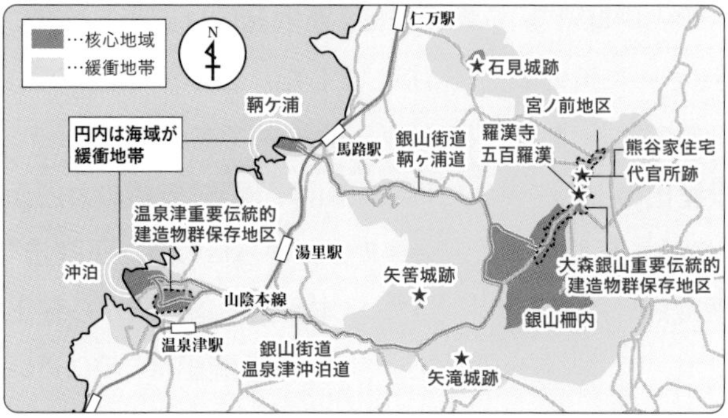

↑石見銀山遺跡の登録範囲★。銀鉱山跡だけでなく、銀山町、銀を運ぶ街道、積出港といった周辺の設備も含まれている。

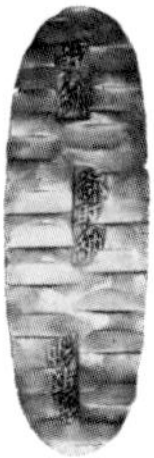

←石見銀山の銀でつくられた丁銀。毛利元就が天皇の即位を祝って贈ったもの。1,100枚製造されたが、現在見つかっているのは1枚だけ。

↑清水谷精錬所跡。銀山柵内にある、1895年に建設された大規模な近代的精錬所跡。

↑羅漢寺★。銀山川支流に沿った岩の斜面に3ヵ所の石窟がつくられ、中央窟に三尊仏、左右の石窟に五百羅漢像が置かれている。

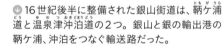

↓16世紀後半に整備された銀山街道は、鞆ケ浦道と温泉津沖泊道の2つ。銀山と銀の輸出港の鞆ケ浦、沖泊をつなぐ輸送路だった。

↓代官所跡。17～19世紀、江戸幕府から派遣された代官は、銀山と周辺の村を支配した。

似ている
遺産
はコレ！

メキシコ合衆国

カミノ・レアル・デ・ティエラ・アデントロ -メキシコ内陸部の王の道

文化遺産

Camino Real de Tierra Adentro

登録年 2010年　登録基準 ②④

16世紀半ばから19世紀にかけて約300年間使われた、メキシコ・シティからアメリカ合衆国のサンタ・フェまで内陸にのびる王立の道路です。全長約2,600kmのうち約1,400kmの周囲にある聖堂や病院、橋などの55資産と、すでに登録されている5つの世界遺産登録地が含まれています。

16世紀にスペインの植民地となったメキシコは、スペイン王室の繁栄(はんえい)を支えた場所でした。メキシコのグアナフアトやサカテカスなどで産出された銀や、銀の精錬のためにヨーロッパから輸入された水銀★がこの道を通って行き交い、「**銀の道**」とも呼ばれました。こうした新大陸の銀はスペイン経済を大きく発展させただけでなく、他のヨーロッパの国々にも影響を与えました。

また、この道を通じてスペイン人と先住民の間で交流が行われ、社会的、文化的、宗教的なつながりも生み出しました。

英語で説明しよう！

Silver produced in Iwami Ginzan was used for trade between East Asia and Europe in the 16th and 17th centuries. The remains★ of the silver mines★ and the surrounding nature offer★ unique scenery★.

【登録範囲】2010年の世界遺産委員会で、「大森銀山」や「温泉津港」などで登録範囲が拡大された。**【羅漢寺】**羅漢は、正式には阿羅漢（あらかん）。仏教の悟りの境地に達し、人々の尊敬を受けるに値する人のこと。**【水銀】**水銀は、他の金属と合わさってアマルガムと呼ばれる合金をつくる。その性質を利用して、鉱石の中から銀を精錬する「アマルガム法」に使われた。**【remain】**遺構　**【mine】**鉱山　**【offer】**示す　**【unique scenery】**独特の景観

登録基準⑥
人類初の原子爆弾
がもたらした悲劇
を伝える価値

広島県

広島平和記念碑（原爆ドーム）

文化遺産

Hiroshima Peace Memorial (Genbaku Dome)

登録年 1996年　登録基準 ⑥

1945年8月6日、アメリカの爆撃機が人類初の**原子爆弾**を広島市に投下。3,000℃の熱線と秒速440mの爆風で、爆心地から半径2kmのほとんどの建物は完全に壊され、街は一瞬にして廃墟となりました。しかし、爆心地近くの広島県産業奨励館は真上から爆風を受けたため、ドームの骨組みや中心部分は奇跡的に倒壊を免れて残りました。やがてその無残な姿から、「**原爆ドーム**」と呼ばれるようになりました。

1960年代、その姿が原爆を落とされたときの悲惨さを思い出させるとして、原爆ドームの解体が議論されます。しかし、1歳で被爆して16歳で亡くなった少女★の日記をきっかけに、保存を求める運動が始まり、1966年に広島市議会は永久保存を決議しました。

被爆から50年後の1995年に国の史跡となり、翌年に世界遺産登録されました。その審議では、原爆ドームを世界遺産として守ることに疑問の声★も出ましたが、戦争の悲惨さを後世に伝える「**負の遺産**」としての価値が評価されました。

熱線で曲がった鉄骨や崩れ落ちたレンガなどが、原子爆弾の悲惨さを伝えている。

原爆投下前の広島県産業奨励館。楕円形のドームと、曲面をもつ壁、規則正しい窓の配置などが特徴。1915年完成。1919年には、菓子職人のユーハイムによって日本初のバウムクーヘンの製造販売が行われた。

【少女】被爆が原因とみられる白血病で亡くなった楮山(かじやま)ヒロ子さんは、「あの痛々しい産業奨励館だけが、いつまでも、おそるべき原爆のことを後世にうったえかけてくれるだろう」という日記を残した。**【疑問の声】**アメリカ合衆国と中華人民共和国はそれぞれ、原爆ドームの審議後に、戦争に関連する遺産の登録は関係国間の政治・歴史問題とも関係するため慎重であるべきとの内容の声明を出した。

負の遺産

原爆ドームやアウシュヴィッツのように、「負の遺産」と考えられるものは、登録基準⑥のみで登録されることが多い。

被爆直後の広島市内。現在も当時のままの姿で残る原爆ドームは、風雨にさらされており、その保護と保全が課題となっている。

広島平和記念公園とその周辺は、遺産を保護するためのバッファー・ゾーン★になっているが、高層マンション建設や再開発計画などがあり、原爆ドームと周囲の景観をどう守るかが課題となっている。

広島平和記念公園にある原爆死没者慰霊碑。原爆で亡くなった人の名簿が納められている（2022年8月奉納時で33万3,907名）。石碑には、「安らかに眠って下さい 過ちは 繰返しませぬから」と刻まれている。

経年劣化の状況を把握することを目的に、1992年から3年ごとに健全度調査が行われ、これまで何度も補強工事が行われてきた。

似ている遺産はコレ!

ポーランド共和国

アウシュヴィッツ・ビルケナウ：ナチス・ドイツの強制絶滅収容所（1940−1945）

文化遺産

Auschwitz Birkenau
German Nazi Concentration and Extermination Camp(1940-1945)

登録年 1979年　登録基準 ⑥

第二次世界大戦中にヒトラー★率いるナチス・ドイツ★によって建設された、ユダヤ人の大量殺戮（**ホロコースト**）を目的とした施設。ポーランド南部のアウシュヴィッツとビルケナウ★（写真）につくられました。土地が広く鉄道の接続もよいなどの理由のほか、ナチス・ドイツが自分たちドイツ人よりも劣ると考えていたユダヤ人などをドイツ本国から締め出すという政策などから、ドイツの占領下であったポーランドのこの地が選ばれたと考えられています。

ユダヤ人のほか、政治犯やロマ★（ジプシー）、精神障害者、同性愛者なども収容され、ガス室での毒殺や生体実験などによって100万人以上が命を奪われました。『アンネの日記』の著者として知られるアンネ・フランク★も、アウシュヴィッツ収容所へ送られたあと、別の収容所で命を落としました。

英語で説明しよう!

The Genbaku Dome is a reminder★ of the miseries★ of the A-Bomb★ and the folly★ of war. This monument appeals to the hope for the abolition★ of nuclear weapons★ and everlasting peace★ worldwide.

【バッファー・ゾーン】緩衝地帯。遺産そのものの周囲に設定された、遺産価値を損なう活動を制限する区域。**【ヒトラー】**アドルフ・ヒトラー。侵略政策で第二次世界大戦を引き起こしたドイツの政治家。**【ナチス・ドイツ】**第一次世界大戦後に設立された右翼政党。**【アウシュヴィッツとビルケナウ】**それぞれ、ポーランドのオシフィエンチムとブジェジンカのドイツ語名。**【ロマ】**中東欧に多く居住する人々で、かつては移動しながら生活していた。**【アンネ・フランク】**ユダヤ系ドイツ人の少女。家族とともに隠れ家で過ごした日々を描いた日記が、父の手により戦後に出版された。**【reminder】**思い出させるもの　**【misery】**悲惨さ　**【A-Bomb】**atomic bomb原爆　**【folly】**愚かさ　**【abolition】**廃止　**【nuclear weapon】**核兵器　**【everlasting peace】**恒久平和

登録基準④
山と海に囲まれ
自然と一体に
なった建築様式
の価値

広島県

厳島神社

文化遺産

Itsukushima Shinto Shrine

登録年 1996年

登録基準 ①②④⑥

瀬戸内海に浮かぶ厳島は、その名が示すように、古くから神に「斎く（仕える）」神域とされてきました。ひときわ高い**弥山**を中心とする島全体がご神体とされ、人々は島に立ち入らずに離れた対岸から遥拝★していました。

6世紀末、この地方の豪族の夢枕に市杵島姫命★が立ち、「厳島に社を建てよ」と告げたことから、593年に宗像三女神★をまつる厳島神社が、海岸近くの海上に建てられました。

12世紀に瀬戸内海を利用した日宋貿易を盛んに行った**平清盛**★は、航路上にある厳島神社を平氏一門の守護神と位置づけると、海上交通の安全を祈願して社殿を整えました。現在残る主な社殿は、1241年に再建したものです。

厳島神社は世界でも珍しい海上に建つ木造社殿のため、しばしば**台風や高波などの被害**を受けてきました。現在でも回廊や平舞台の床板は隙間をあけて敷かれており、水位が上がると割れずに外れたり、隙間から水を逃がすなどの工夫がなされています。

←満潮時には水位が上がり、海上に建つ大鳥居と社殿となる。

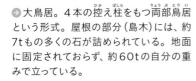

→大鳥居。4本の控え柱をもつ両部鳥居という形式。屋根の部分（島木）には、約7tもの多くの石が詰められている。地面に固定されておらず、約60tの自分の重みで立っている。

【遥拝】遠くはなれた場所から、ご神体の方角に向かって参拝すること。**【市杵島姫命】**宗像三女神のひとりである水の神。市杵島が厳島の名前の由来となったとの説もある。**【宗像三女神】**天照大神（あまてらすおおみかみ）が生んだとされる3人の女神で、福岡の宗像大社にまつられている女神の総称。市杵島姫命、田心姫命（たごりひめのみこと）、湍津姫命（たきつひめのみこと）。海の神、航海の守護神として信仰されている。**【平清盛】**平安時代末期の武将で平氏の棟梁（とうりょう）。武士として初めて太政大臣（だじょうだいじん）に任ぜられた。

厳島神社の前面の海と背後の弥山(標高535m)も、日本人の信仰を表す景観として登録範囲に含まれる。

客神社。本社と東回廊で結ばれた摂社★。本社より規模は小さいが、本殿、幣殿、拝殿、祓殿の形式や配置はほぼ同じである。

回廊。床板の間の隙間には、海水が床板を押し上げる力を弱め、水はけをよくする効果がある。

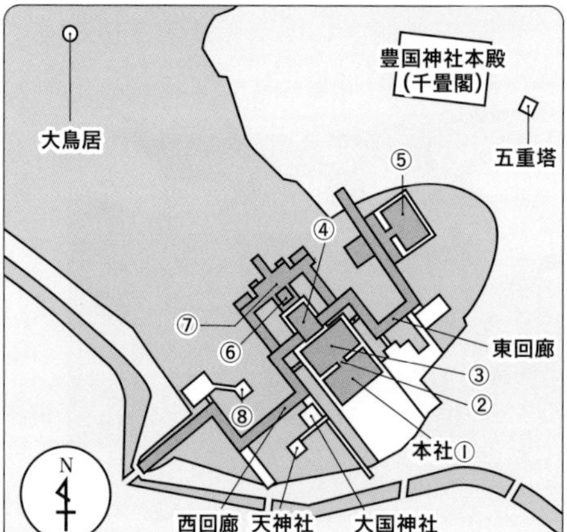

※図中のピンク色の建造物は国宝に指定されている。

厳島神社の中心である本社(①本殿、②幣殿、③拝殿、④祓殿)と、本社を囲むように⑤客神社、⑥高舞台と⑦平舞台、⑧能舞台などが建つ。

能舞台。江戸時代に建てられ、日本で唯一の海上に浮かぶ能舞台とされる。本社と西側の回廊で結ばれている。

本社祓殿の前の高舞台では、年中行事の際に舞楽が奉納される。

似ている
遺産
はコレ！

ギリシャ共和国

メテオラの修道院群

Meteora

複合遺産

登録年 1988年　登録基準 ①②④⑤⑦

ギリシャ語で「中空（ちゅうくう）に浮く」という意味をもつギリシャ北西部のメテオラには、頂上部分に修道院が建つ高さ約20～400mの奇岩が立ち並びます。そのため複合遺産で登録されています。

11世紀ごろ、**ギリシャ正教会（せいきょうかい）**★の修道士たちが付近の洞窟（どうくつ）で修行を始めました。14世紀にセルビア人がギリシャに侵入するようになると、修道士たちは戦乱を避けるだけでなく、より天に近い隔絶（かくぜつ）された環境で修行するため、危険をかえりみず岩の上に修道院を築きました。当時、奇岩の上の修道院まで昇り降りするのに、滑車（かっしゃ）式の手動の昇降機（しょうこうき）を使っていました。まれにロープが切れて落下し、命を落とす事故もありました。修道士たちは「落ちるのも神の思し召し（おぼしめし）」と受け入れていたといいます。こうして、最盛期には24の修道院★がつくられました。

英語で説明しよう！

Itsukushima Shrine is located between Mount Misen and the Seto Inland Sea, and harmonizes with★ them. It is a place that represents Japanese faith★ and its sense of beauty★.

【摂社】本社の境内にあり、本社の祭神とかかわりのある神をまつった社。**【ギリシャ正教会】**キリスト教の教派のひとつ。西方のローマ・カトリック教会に対する東方教会のことで、1054年にローマ・カトリック教会と決定的に分かれた。**【24の修道院】**メタモルフォシス修道院やアギオス・ステファノス修道院など、現存する7つの修道院が世界遺産に登録された。
【harmonize with～】～と調和する　**【faith】**信仰　**【sense of beauty】**美意識

福岡県

『神宿る島』宗像・沖ノ島と関連遺産群

文化遺産

Sacred Island of Okinoshima and Associated Sites in the Munakata Region

登録年 2017年

登録基準 ②③

　4世紀後半、日本のヤマト王権★と朝鮮半島の百済★の間で交流が盛んになり、それ以降、朝鮮半島や中国大陸から様々な文化や宗教、宝物などが日本にもたらされました。海に囲まれた日本にとって、東アジア地域での交流において重要だったのが航海の安全です。日本と朝鮮半島の間に位置し、航海上の目印となる沖ノ島は、島そのものが神聖視され、4世紀後半から約500年もの間、**航海の安全を祈る場所**として国家的な祭祀★が行われてきました。沖ノ島には、**岩の上や岩陰などで祭祀が行われていた**ことを証明する宝物★が残されています。

　沖ノ島にある沖津宮、沖ノ島と九州本土との間の大島にある中津宮、九州本土にある辺津宮の三社からなる宗像大社は、航海の安全などを司る「**宗像三女神**★」をまつっています。沖ノ島と宗像大社で、自然崇拝から人の姿をした神へと日本古来の信仰が移り変わっていったことを証明しています。

← 玄界灘に浮かぶ沖ノ島。金製指輪や銅鏡などの宝物からは古代祭祀の様子がうかがえる。

→ 沖ノ島にある宗像大社沖津宮の社殿。古代祭祀が行われた巨岩の前に立っている。田心姫命をまつっており、宗像大社の神職1名が10日交代で島に滞在して毎日神事を行っている。

【ヤマト王権】 P.075参照。 **【百済】** 4世紀前半から660年まで朝鮮半島南西部にあった国家。 **【祭祀】** 神々に供え物をし、祈りを捧げる行事。 **【宝物】** 発見された約8万点の宝物はすべて国宝に指定されている。 **【宗像三女神】** P.091参照。

大島にある宗像大社沖津宮遙拝所。沖ノ島は一般人は上陸できないため、約50km離れたこの場所から拝む。

大島の南西岸に、九州本土の辺津宮と向き合って建つ中津宮は、湍津姫命をまつる。背後にある御嶽山山頂には御嶽神社があり、祭祀遺跡が残されている。

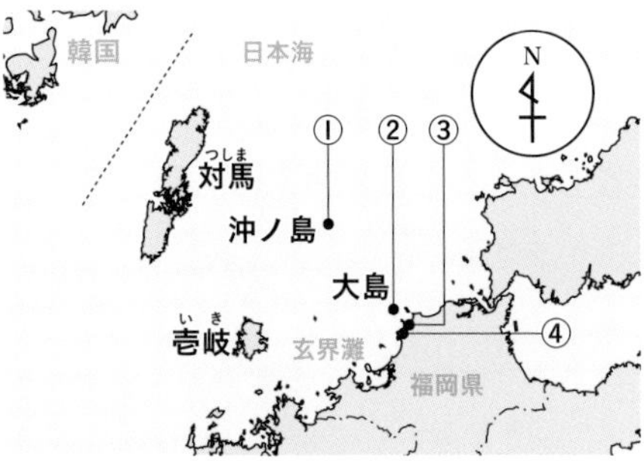

構成資産①宗像大社沖津宮(沖ノ島、小屋島、御門柱、天狗岩)、②宗像大社沖津宮遙拝所と宗像大社中津宮、③宗像大社辺津宮、④新原・奴山古墳群

宗像大社辺津宮境内の最奥に位置する高宮祭場。宗像大神が高天原から降臨した場所と伝えられている。神を社殿にまつる以前の、古代の祭場としての様子を間近に見ることのできる場所である。

新原・奴山古墳群。沖ノ島祭祀を司った古代の豪族宗像氏の墳墓群。沖ノ島へと続く海を見渡す高台に、5〜6世紀に築かれた。前方後円墳、円墳、方墳計41基がある。

市杵島姫命をまつる宗像大社辺津宮。大島、沖ノ島へとつながる信仰の中心地であり、境内にある第二宮には沖津宮の田心姫命、第三宮には中津宮の湍津姫命がまつられ、ここで宗像三女神を拝むことができる。

フランス共和国

タプタプアテア

文化遺産

Taputapuātea

登録年 2017年　登録基準 ③④⑥

タプタプアテアは、フランスの海外共同体★「フランス領ポリネシア★」のライアテア島にあります。フランス領ポリネシアは、南太平洋の広い海に点々と浮かぶ118もの島からなる地域です。なかでもタプタプアテアは、ポリネシアの人々の世界と、彼らの祖先や神々の世界が出会う最も重要な聖地と考えられ、美しいラグーン★に近い海辺には、オロ神★をまつる重要な**マラエ**（祭祀場）が築かれました。ポリネシア地域には古くから様々なマラエが築かれ、政治や国家儀式、葬儀（そうぎ）の中心地として、それぞれ異なる役割をもっていました。石を四角形に敷（し）き詰めた「アフ」と呼ばれる祭壇（さいだん）をもつタプタプアテアのマラエは、国と国を結ぶ、政治・宗教的に最も重要な儀式が行われてきたと考えられています。

世界遺産には、マラエのほかに森に覆われた渓谷や、ラグーンやサンゴ礁でつくられた自然景観なども含まれ、文化的景観★として登録されています。

英語で説明しよう！

For a period of roughly 500 years from the latter half of the fourth century, people performed rituals praying for safe voyages on the island of Okinoshima. Munakata Taisha on the main island of Kyushu enshrines and worships the Three Goddesses of Munakata.

【海外共同体】フランスの海外領土で、特別の地位が認められている地域。**【フランス領ポリネシア】**南太平洋にある、ソシエテ諸島のタヒチ島などからなる地域。**【ラグーン】**サンゴ礁や砂地などで外海から隔てられた海辺の水域。**【オロ神】**戦いと豊穣(ほうじょう)の神。**【文化的景観】**P.007参照。**【ritual】**祭祀　**【pray】**祈る　**【enshrine】**まつる

登録基準③
キリスト教信仰が
禁じられた時代の
信仰生活を
伝える価値

長崎県・熊本県

長崎と天草地方の潜伏キリシタン関連遺産

文化遺産

Hidden Christian Sites in the Nagasaki Region

登録年 2018年

登録基準 ③

日本のキリシタン★は、17世紀から19世紀にかけて信仰が禁じられ、長くつらい時代を経験しました。そうしたキリスト教信仰が禁じられた時代も密かに信仰を続けた人々を「**潜伏キリシタン**」と呼びます。長崎と天草地方には、**潜伏キリシタンたちが仏教や神道の信者のふりをしながらキリスト教信仰を続けた**ことを伝える集落が多く残されています。

天草四郎を総大将とするキリシタンたちが、キリスト教信仰を禁じる江戸幕府軍と戦った「島原・天草一揆★」に破れると、キリシタンたちは信仰を隠し「潜伏キリシタン」としての歴史が始まりました。キリシタンであることがわかると厳しい拷問などを受けるため、五島列島にある神道の聖地の島に移住したり、聖母像の代わりにアワビ貝の模様を聖母マリアに見立てるなど、工夫を凝らしながら約250年間も信仰を続けました。

1865年、潜伏キリシタンたちが大浦天主堂を訪れて信仰を打ち明けた「**信徒発見**」は、奇跡として遠くローマ教皇にも伝えられました。明治政府が信仰を黙認するようになると、各地の集落に教会堂が築かれました。

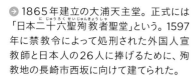

← 五島列島（長崎県）の野崎島にある旧野首教会。信徒たちが自らの手で建てた。

→ 1865年建立の大浦天主堂。正式には「日本二十六聖殉教者聖堂」という。1597年に禁教令によって処刑された外国人宣教師と日本人の26人に捧げるために、殉教地の長崎市西坂に向けて建てられた。

【キリシタン】 16世紀、日本に伝わったキリスト教に改宗した人々は、ポルトガル語に由来する「キリシタン」と呼ばれた。
【島原・天草一揆】 厳しい年貢（ねんぐ）の取立てやキリシタン弾圧に対して、1637年に2万人を超える百姓が起こした一揆。その多くがキリシタンであった。

外海地域にある大野集落の教会堂。信徒たちは地元の神社の氏子を装い、ひそかに信仰を続けた。

五島列島の頭ヶ島のキリシタン墓地。日本の伝統的な墓石と同じ形だが、上部に十字架が見られる。

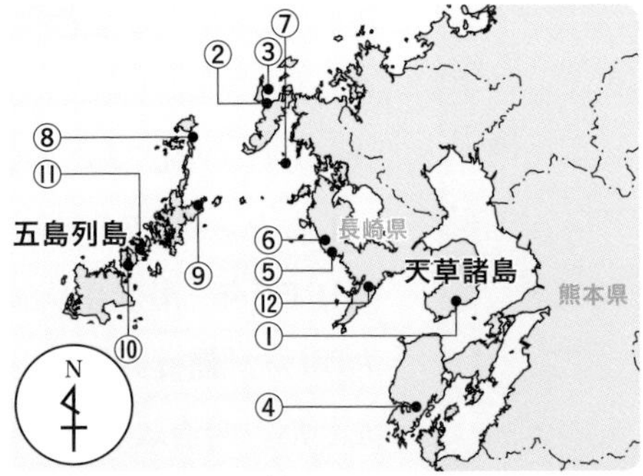

天草市(熊本県)の﨑津集落に再建された﨑津教会。祭壇のある場所では、かつて絵踏が行われたといわれる。

島原半島の突端に位置する原城跡。島原・天草一揆で、2万人を超えるキリシタン農民らがたてこもり、幕府軍と戦った。

始まりの時代	①原城跡
形成の時代	②平戸の聖地と集落(春日集落と安満岳) ③平戸の聖地と集落(中江ノ島) ④天草の﨑津集落 ⑤外海の出津集落 ⑥外海の大野集落
維持・拡大の時代	⑦黒島の集落 ⑧野崎島の集落跡 ⑨頭ヶ島の集落 ⑩久賀島の集落 ⑪奈留島の江上集落(江上天主堂とその周辺)
変容・終わり	⑫大浦天主堂

トルコ共和国

ギョレメ国立公園とカッパドキアの岩石群

複合遺産

Göreme National Park and the Rock Sites of Cappadocia

登録年 1985年　登録基準 ①③⑤⑦

トルコのカッパドキアには、キノコのような形をした岩などが立ち並ぶ珍しい景色が広がっています。ここは約300万年前に噴火した火山の溶岩や火山灰が、雨や風によって少しずつ削られていってでき上がりました。紀元前4000年ごろからは、岩を掘って洞窟に人が住み始めました。

3世紀半ばごろ、ローマ帝国によるキリスト教弾圧が強まると、キリスト教徒たちがギョレメ渓谷に隠れて信仰を続けるようになります。その後、ビザンツ帝国によるイコン破壊運動★や、それに続くイスラム教勢力による支配などから逃れたキリスト教徒の数は増え続け、岩山に多くの洞窟聖堂や洞窟修道院がつくられました。

また、地下深くまで何層にも掘られた地下都市が36もあり、学校や食糧庫、炊事場などが通路や階段でつながっていました。世界遺産には、都市のなかでも特に大きな**カイマクル**やデリンクユが含まれますが、これらを誰が、何のためにつくったかについては多くの謎が残されています。

英語で説明しよう!

Christianity was prohibited in Japan from the 17th to the 19th century. However, there were people known as "hidden Christians," spread mainly in the Nagasaki and Amakusa region, who secretly continued to practice their faith.

【イコン破壊運動】8〜9世紀にビザンツ帝国(東ローマ帝国)が、イコンと呼ばれるキリスト教の聖像画などを破壊し「神そのもの」を崇拝させようとした運動。西のローマ教会はこれに反発し、東西の教会が分裂するきっかけとなった。 **【prohibit】**禁じる

登録基準④
西洋の技術を
取り入れながら
近代化をとげた
技術発展の価値

福岡県・長崎県・佐賀県・鹿児島県・熊本県・山口県・岩手県・静岡県

明治日本の産業革命遺産 製鉄・製鋼、造船、石炭産業

文化遺産

Sites of Japan's Meiji Industrial Revolution: Iron and Steel, Shipbuilding and Coal Mining

登録年 2015年

登録基準 ②④

九州地方を中心に全国8県に点在する23資産で構成される**シリアル・ノミネーション・サイト**★です。資産全体で、日本が江戸末期から明治にかけての約50年というきわめて短い期間で近代化し、飛躍的な経済発展を成しとげた歴史的価値を証明しています。資産には、日本の近代化を支えた「製鉄・製鋼」「造船」「石炭産業」などの重工業関連施設や遺構が含まれており、現在も使われている工場や港などが含まれている点も特徴です。

江戸末期、日本は諸外国の脅威に対する国防の必要性に迫られ、近代化を目指しました。明治維新が起こると、政府は積極的に西洋の専門知識や技術の導入を図り、**トーマス・グラバー**★などの協力の下で蒸気船の建造や蒸気機関を用いた石炭の採掘などを行い、近代化の基礎が築かれました。その後、日本独自の産業化がすすみ、国家の威信をかけた大プロジェクトとして**官営八幡製鐵所**★が操業を始めました。

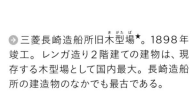

海底炭鉱があった端島★は、最盛期には、当時の東京23区の約9倍の人口密度があったとされる。

三菱長崎造船所旧木型場★。1898年竣工。レンガ造り2階建ての建物は、現存する木型場として国内最大。長崎造船所の建造物のなかでも最古である。

【シリアル・ノミネーション・サイト】P.043参照。**【トーマス・グラバー】**スコットランド出身の商人で、日本の近代化に大きく貢献した。日本で最初に蒸気機関を用いた採掘を行った「高島炭坑」の経営も行った。**【官営八幡製鐵所】**1901年に操業を開始した、明治政府がドイツの技術などを用いて築いた官営の製鉄所。現在も操業を続けている。**【端島】**その外観から「軍艦島（ぐんかんじま）」とも呼ばれる。**【木型場】**溶かした金属を流し込む木製の型をつくる作業所。

三池港のスルースゲート★。三池港は三池炭鉱の石炭の積出港として1908年につくられ、現在も使用されている。

三池炭鉱万田坑。高島炭鉱に次いで近代化した三池炭鉱の主力坑口のひとつ。

韮山反射炉。鉄製大砲鋳造のために江戸幕府が1857年に建造した。唯一現存する実用炉。

旧グラバー住宅。グラバーの活動拠点で、日本最古の木造洋風建築。

松下村塾。吉田松陰★が講義を行った私塾。日本の近代化に貢献した人物を多く輩出した。

岩手県(釜石)	橋野鉄鉱山
静岡県(韮山)	韮山反射炉
山口県(萩)	萩反射炉、恵美須ヶ鼻造船所跡、大板山たたら製鉄遺跡、萩城下町、松下村塾
福岡県(八幡)	官営八幡製鐵所、遠賀川水源地ポンプ室
佐賀県	三重津海軍所跡
長崎県	小菅修船場跡、三菱長崎造船所第三船渠、三菱長崎造船所ジャイアント・カンチレバークレーン、三菱長崎造船所旧木型場、三菱長崎造船所占勝閣、高島炭坑、端島炭坑、旧グラバー住宅
福岡・熊本県	三池炭鉱・三池港、三角西港
鹿児島県	旧集成館、寺山炭窯跡、関吉の疎水溝

似ている
遺産
はコレ!

ドイツ連邦共和国

エッセンのツォルフェライン炭鉱業遺産群

文化遺産

Zollverein Coal Mine Industrial Complex in Essen

登録年 2001年　登録基準 ②③

ドイツ西部のエッセン市には、19世紀半ばに発足した**ドイツ関税同盟**★(ツォルフェライン)炭鉱に関する遺産群が残されています。操業(そうぎょう)当初の手掘りから機械による採掘へと変わっていくにともない、機械掘りの動力となるコークス★工場や線路、関連施設、労働者の住宅などがつくられました。19世紀末にルール地方★で石炭・製鉄業が栄えると、この炭鉱は世界最大規模の採掘量でドイツの経済発展を支えました。また、第二次世界大戦中にはヒトラーがこの地を重視し、ナチス・ドイツの政策を後押ししました。

1932年より稼動を始めた第12坑ボイラー棟(写真)は、モダニズム建築のデザインが採用されており、現在は州立デザインセンターになっています。

この遺産群は、ヨーロッパの伝統的な重工業の発展を証明するだけでなく、150年以上におよぶ鉱業の盛衰(せいすい)を物語っています。

英語で説明しよう!

"Sites of Japan's Meiji Industrial Revolution" consists of 23 sites across eight prefectures. Those sites include facilities★ and architectural remains of the iron industry, coal mining, and shipbuilding, which helped the rapid modernization of Japan.

【スルースゲート】海水の出入りを調整して、船の運航をスムースにするための設備。**【吉田松陰】**幕末の長州(ちょうしゅう)藩士。倒幕を唱え、明治維新を精神的に支えたとされる。**【ドイツ関税同盟】**1834年に、プロイセンが中心となってライン川中下流の工業地帯をまとめた同盟。**【コークス】**石炭を蒸し焼きにして、炭素の部分だけを残した燃料。**【ルール地方】**ドイツ西部のルール川下流域地域で、ドイツの重工業を牽引(けんいん)した。**【facility】**施設

鹿児島県

屋久島

自然遺産

Yakushima

登録年 1993年

登録基準 ⑦⑨

九州本土の南約70kmに浮かぶ屋久島は、花こう岩が隆起して誕生した島です。東京23区ほどの大きさの島に、九州最高峰の**宮之浦岳**(1,936m)をはじめ、1,000mを超える山々が連なり「洋上のアルプス」とも呼ばれます。海上に高い山々がそびえる独特な地形のため、黒潮★で暖められた湿った空気が屋久島の山にぶつかって雲となり、多量の雨を降らせます。

屋久島は、海岸線から山頂にかけて標高が上がるごとに亜熱帯から亜寒帯までの異なる植生が見られる「**植物の垂直分布**」が特徴で、日本列島を南から北へ移動したのと同じような植生が山に沿って垂直に分布しています。屋久島で代表的なのは樹齢1,000年を超える**屋久杉**です。栄養分の少ない花こう岩★の地質と豊富な雨がスギをゆっくりと生長させ、目のつまった硬い木になったと考えられています。

こうした屋久杉などの植物相がつくり出す景観により、日本の自然遺産で唯一、自然の景観美の登録基準⑦が認められました。

屋久島の森は、貴重なコケ類の育つ森としても知られる。

屋久島に自生する樹齢1,000年以上のスギは、「屋久杉」と呼ばれ、特別天然記念物にも指定されている。

【黒潮】日本海流とも呼ばれる暖流。東シナ海から日本列島の太平洋岸に沿って北に流れ、房総半島のあたりで親潮(千島海流)とぶつかる。**【花こう岩】**マグマが地下深くでゆっくり冷えて固まった火成岩(かせいがん)の一種。

屋久島の植物の垂直分布

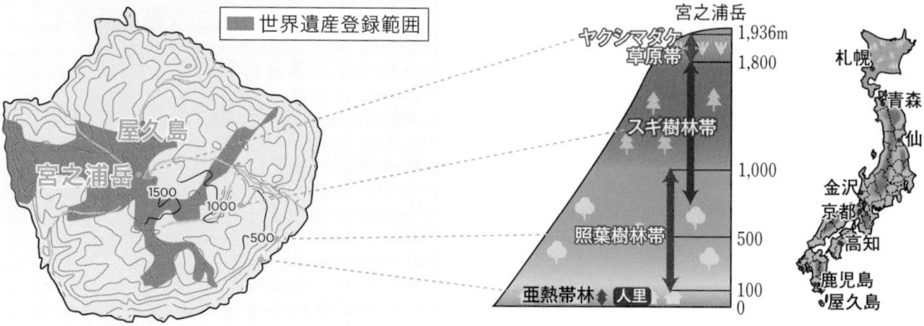

↑屋久島の植物の分布は、海岸沿いにはガジュマルなどの亜熱帯植物、低地には温帯の照葉樹林、標高が上がるにつれてスギなどの針葉樹林へと変化する。宮之浦岳の山頂付近ではヤクシマダケやヤクシマシャクナゲなどの亜高山帯の植物が育つ。

↑年間に、海岸部で4,000mm、山間部では1万mmの雨が降る屋久島は、「ひと月に35日雨が降る★」とたとえられるほど。

←縄文杉。樹齢は2,170～7,200年の間で諸説がある。スギの樹齢は普通は数百年だが、屋久島のスギは生長が遅いので寿命が長いとされる。

←ヤクシカ(左)とヤクザル(右)。屋久島の固有亜種★。屋久島は氷河時代には九州と陸続きだったと考えられている。その後、気候が暖かくなって海水面が上昇し、動物は島に取り残された。

似ている
遺産
はコレ!

タンザニア連合共和国

キリマンジャロ国立公園

自然遺産

Kilimanjaro National Park

登録年 1987年　登録基準 ⑦

タンザニア北西部にある、5,895mのアフリカ最高峰キリマンジャロ(写真)を中心とする国立公園。キリマンジャロは約75万年前の火山活動で誕生した**成層火山**(せいそう)★で、熱帯サバナの気候帯★にありながら山頂は万年雪に覆(おお)われた美しい姿をしています。山の中央には、現地のマサイ族から「神の家(ンガジェンガ)」と呼ばれるシラー峰とキボ峰、マウェンジ峰が並んでいます。ふもとのサバナ地帯から山頂まで約5,000mの標高差があり、動植物相も標高によって異なっています。

熱帯に雪山があるというドイツ人宣教師の「発見」は、19世紀のヨーロッパでは初め、信じられませんでした。しかし、地理学者が探検家とともに山頂まで登り雪があることを確認。1936年にはアーネスト・ヘミングウェイが小説『キリマンジャロの雪』を発表し、この地は世界的に有名になりました。

英語で説明しよう!

Yakushima is characterized by★ its 1,000-meter high mountains that include Miyanouradake, the highest mountain in the Kyushu region. Various species of plants can be seen there thanks to the climate★ and temperature★ changes at different heights★.

【ひと月に35日雨が降る】林芙美子が小説『浮雲』のなかでそう表現した。**【固有亜種】**固有種のなかで、別の種として独立させるほどの差がないものの分類。**【成層火山】**繰り返される火山の噴火による溶岩が、何層にも重なって円錐形(えんすいけい)の山になったもの。**【熱帯サバナの気候帯】**サバナ気候。熱帯気候のひとつで、季節の変化によって雨季と乾季がはっきりと表れる気候帯。**【characterized by～】**～で特徴的　**【climate】**気候　**【temperature】**気温　**【height】**高度

鹿児島県・沖縄県

自然遺産

奄美大島、徳之島、沖縄島北部及び西表島

Amami-Oshima Island, Tokunoshima Island, Northern part of Okinawa Island, and Iriomote Island

登録年 2021年　登録基準 ⑩

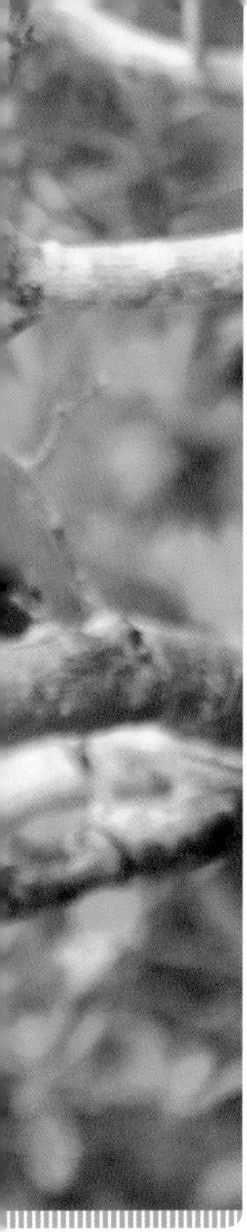

日本列島の九州の南の端から台湾までの約1,200kmの海域に、琉球列島の島々が点々と浮かんでいます。そのなかの、中琉球と呼ばれる地域にある鹿児島県の奄美大島と徳之島、沖縄県の沖縄島、そして南琉球にある沖縄県の西表島の４島の一部★が登録されました。

琉球列島と呼ばれる地域は、1,200万年前頃はユーラシア大陸の一部でした。それがプレートの動きによって「**沖縄トラフ**」と呼ばれる海域ができて大陸から切り離され、少しずつ島に分かれていきました。そのため、もともとはユーラシア大陸と同じ生き物が生息していましたが、大陸から切り離されていくなかで島に取り残された生き物たちが独自の進化をとげ、大陸で同じ種が絶滅したあとも琉球列島の島々では進化しながら生き続けました。

沖縄島北部の**ヤンバルクイナ**★やノグチゲラ、西表島のイリオモテヤマネコ、奄美大島の**アマミノクロウサギ**やルリカケスなど、絶滅危惧種を含む多様な生物が生息しています。

← 奄美大島に生息する固有種のルリカケス。

→ 奄美大島は面積712.35k㎡で、日本で５番目に大きな島。島の大部分は山地で、亜熱帯照葉樹林の原生林が広がっている。

【4島の一部】徳之島だけ２つのエリアに分かれているため、世界遺産には４島５エリアが登録されている。**【ヤンバルクイナ】**日本唯一の飛べない鳥。常緑広葉樹林などに生息している。

←沖縄県の西表島は日本有数のマングローブの生育地。マングローブとは熱帯や亜熱帯の、淡水と海水が混じり合う河口のような汽水域に生育する植物の総称。

↓1981年に新種として発見された「飛べない鳥」ヤンバルクイナ。「やんばる（山原）」と呼ばれる沖縄島北部に生息する。

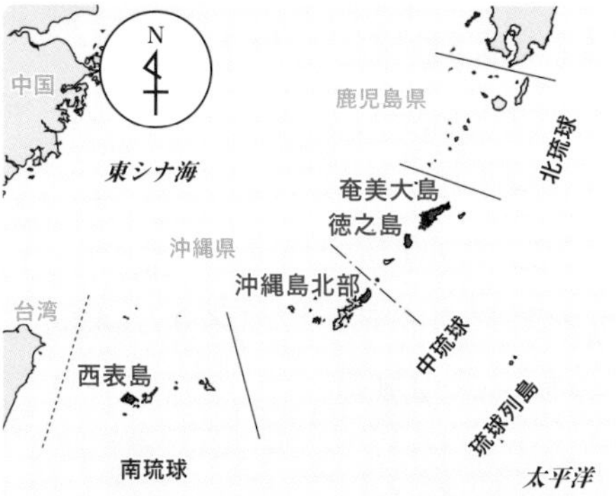

↑登録された琉球列島の中琉球と南琉球は大陸島★として形成された。分断や孤立の歴史を経て、海を越えることができない生物で特に固有の進化を遂げたものが多い。

↑奄美大島と徳之島の固有種で絶滅危惧種でもあるアマミノクロウサギは、近縁種★が存在しない。道路による森林の分断や減少、交通事故、マングースやネコによる捕食が問題となっている。

↑奄美大島の固有種で絶滅危惧種でもあるアマミイシカワガエル。常緑広葉樹林内の水辺や渓流域に生息している。

↑西表島の固有亜種であるイリオモテヤマネコは、氷期の海面が下がったときに大陸から海を越えて渡ってきたと考えられている。西表島はヤマネコが生息する世界最小の島。

オーストラリア連邦

ロード・ハウ群島

自然遺産

Lord Howe Island Group

登録年 1982年　登録基準 ⑦⑩

オーストラリアの東部にあるロード・ハウ群島は、海底2,000m以上の火山活動によって約700万年前に誕生しました。海からそびえるように立つ山の斜面や、ラグーン★を取り囲む丘、地球上で最も南にあるサンゴ礁、多様な生物が生息する海など、美しい景色を見ることができます。

また群島は大陸と陸続きになったことがないため、島々の環境に合わせて種の分化が行われ、独自に進化をとげた固有の動植物を見ることができます。しかし、世界で最も珍しい鳥のひとつとされる、飛ぶことができないロードハウウッドヘン（**ロードハウクイナ**）や、世界最大のナナフシであるロードハウナナフシなど、絶滅の危機に直面している種も多く含まれています。

群島で見られる生物では特に海鳥の種類が多く、ハジロミズナギドリやアカオネッタイチョウなどの重要な繁殖地のひとつになっています。

英語で説明しよう！

Amami-Oshima Island, Tokunoshima Island, the northern part of Okinawa Island, and Iriomote Island in the Ryukyu Islands are inhabited by a wide variety of uniquely evolved species including Okinawa Rail★, Amami Rabbit★ and other endangered species.

【**大陸島**】大陸の一部が切り離されたり、大陸の近くの火山島として生まれた、大陸棚にある島のこと。【**近縁種**】生物の進化や分類で見て、近い関係にある種のこと。【**ラグーン**】P.097参照。【**Okinawa Rail**】ヤンバルクイナ
【**Amami Rabbit**】アマミノクロウサギ

沖縄県

琉球王国のグスク及び関連遺産群

文化遺産

Gusuku Sites and Related Properties of the Kingdom of Ryukyu

登録年 2000年

登録基準 ②③⑥

現在の沖縄県のある地域はかつて琉球と呼ばれ、12～16世紀には各地で力をもった「**按司**」と呼ばれる豪族が勢力を争っていました。琉球に残るグスクとは按司が築いた城です。堅固な石垣で囲まれたグスクは、按司の居城と地域の信仰の拠点も兼ねていました。

14世紀ごろ、琉球では各地の勢力をまとめた北山、中山、南山の3つの小国家が並び立つ「三山時代」を迎えました。15世紀初めに勢力を拡大した尚巴志★は、中山を滅ぼして父を中山王に即位させます。父の死後は自らが中山王となって北山と南山を滅ぼし、1429年に琉球を統一しました。

北山王の居城であった今帰仁城跡や、中山王の重臣でのちに王から謀反を疑われて自害した護佐丸の居城であった**中城城跡**、その護佐丸と対立して最後まで琉球王国に抵抗した阿麻和利の居城であった**勝連城跡**など、世界遺産に登録されている5つのグスク跡★は、琉球王国の激動の歴史を今に伝えています。

← 中城湾を挟んだ対岸の勝連城に、にらみをきかせる中城城。

→ 斎場御嶽の三庫理。国家的な祭祀の場であった斎場御嶽の最奥にある。かつては男子禁制の聖地であった。

【尚巴志】第一尚氏王朝の第二代国王。琉球を統一し、約450年間続く琉球王国の基礎を築いた。**【5つのグスク跡】**首里城跡（しゅりじょうあと）、中城城跡、勝連城跡、座喜味城跡（ざきみじょうあと）、今帰仁城跡の5つのグスク跡に加え、玉陵（たまうどぅん）、園比屋武御嶽石門（そのひゃんうたきいしもん）、識名園（しきなえん）、斎場御嶽（せいふぁうたき）の合計9資産が世界遺産登録されている。

座喜味城跡。1422年に護佐丸によって建てられた。沖縄最古とされるアーチ形の城門が残る。

今帰仁城跡。川と谷、崖に囲まれた丘の上に建っており、要塞として優れていた。

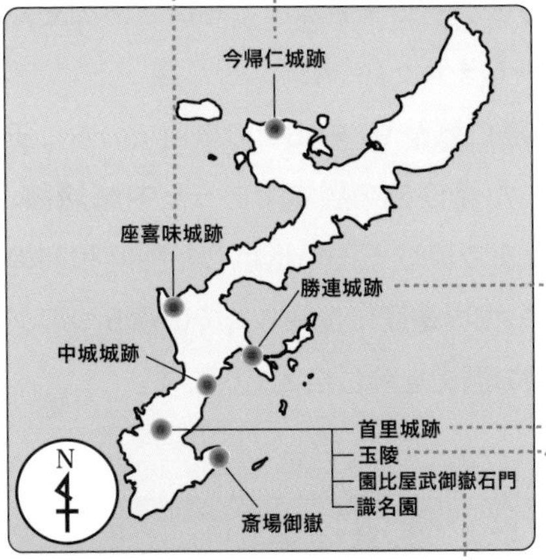

勝連城跡★。13世紀ごろ、四方に見晴らしのよい小高い丘の上に建てられた。

首里城跡。かつての琉球国王の居城。1945年の沖縄戦で焼失し、1989年から92年にかけて正殿と城壁が再建されたが、2019年の火災で正殿が焼失。

園比屋武御嶽石門。園比屋武御嶽とは、琉球王国の神域である森。石門はその前に建つ、国王が祈りを捧げた場所。

玉陵。精神面から国家を支えるため、1501年に築かれた王家の陵墓。琉球で伝統的な、人家をかたどった形をしている。

神々の国ニライカナイ

沖縄や奄美地方に伝わる神話では、海のかなたにニライカナイという神々の国があり、神々はそこから来て豊かな恵みをもたらすとされる。また、人の魂はニライカナイから来て、死後はそこに帰るとも考えられている。

似ている
遺産
はコレ!

ペルー共和国

マチュ・ピチュ

複合遺産

Historic Sanctuary of Machu Picchu

登録年 1983年　　登録基準 ①③⑦⑨

アンデス山中にあるマチュ・ピチュは、15～16世紀の**インカ帝国**★の都市遺跡です。標高2,400m以上の険しい山の頂に、太陽神をまつる神殿★や段々畑のある、灌漑(かんがい)施設が整った都市が築かれました。インカの人々は高度な天文知識や石造技術をもっており、そうした特性がマチュ・ピチュでもいかされています。しかし、このような険しい場所に都市が築かれた理由はわかっていません。

この地を1911年に「発見」したのは、アメリカ合衆国の歴史学者ハイラム・ビンガム★です。インカ帝国の都市の多くはスペイン人によって破壊されており、マチュ・ピチュのように人知れず残されている遺跡は貴重でした。

マチュ・ピチュの周囲には手つかずの自然が残り、絶滅危惧種(ぜつめつきぐしゅ)のメガネグマやペルーの国鳥のアンデスイワドリなどが生息するため、複合遺産として登録されました。

英語で説明しよう!

The Gusuku Sites are home to various ruins★ of fortress★, built by lords★ of the Ryukyu Kingdom , known as Aji. They show the original culture of Ryukyu that worshiped nature and its ancestors★.

【勝連城跡】2016年に勝連城跡でローマ帝国などのコインが発見され、文化交流史の解明が期待されている。**【インカ帝国】**アンデス山脈一帯で300年以上栄えた帝国。高度な石造技術をもっていたが、車輪や製鉄技術はもたなかった。**【太陽神をまつる神殿】**冬至の日に窓から朝陽が差し込むようになっている。冬は太陽神の力が弱まっているとされ、冬至の日に儀式を行うことで太陽神が再び力を強めると考えられた。**【ハイラム・ビンガム】**歴史学者で探検家。**【ruin】**廃墟、跡　**【fortress】**城塞　**【lord】**豪族　**【ancestor】**先祖

知って
おこう!

日本の暫定リスト

※2024年9月時点

文化遺産　新潟県

佐渡島（さど）の金山

2024年
世界遺産登録

暫定リスト記載年
2010年

「佐渡島の金山」は、世界経済にも影響を与えた日本の金生産の中心となる存在でした。新潟県佐渡市にある「西三川砂金山」と「相川鶴子金銀山」の２つの構成資産には、伝統的な手工業で行われた金の生産体制と生産技術を伝える集落が残り、この小さな島に世界でも珍しい金の生産システムがあったことを証明しています。

金や銀がとれる佐渡島は、新潟県の辺りを治めた上杉氏や、天下を統一した豊臣氏などが重視してきた場所でした。徳川家康は関ヶ原の戦いの後すぐにこの地を直轄地（天領）とし、大久保長安が代官として送られると、鉱山への街道や港が整備され、米やみそ、材木などの商品によって区分けされた計画的な街づくりが行われました。

江戸時代を通して徳川幕府を支えた佐渡島では、海禁体制（鎖国政策）の下で戦略的な鉱山運営が行われ、海外との技術交流が限られるなか、鉱山の特性に合わせた伝統的な手工業での生産技術が発展しました。17 世紀には世界最大規模の金の生産地となり、輸出された小判が国際貿易やオランダ東インド会社の発展に大きく貢献しました。その方法が絵図や鉱山絵巻などにも記録され物証として残されています。また日本中から鉱山技術者や労働者が集められたことで、佐渡島に独自の文化も生まれました。

西三川砂金山では、「大流し」と呼ばれる方法で砂金を採掘していました。これは砂金が含まれている山を掘り崩してから、大量の水で余分な石や土を取り除き、底に残った砂金をゆり板で選びとる方法です。大量の水が必要なため、鉱山の周辺には「江道」と呼ばれる導水路が多くつくられました。相川鶴子金銀山の相川金銀山にある「**道遊の割戸**」（写真）は、日本最大の露頭掘りの跡です。人々が争って鉱石を掘ったために山が２つに割れてしまいました。

文化遺産 滋賀県

彦根城

暫定リスト記載年
1992年

琵琶湖(びわこ)と山に挟まれた彦根(ひこね)の地は、古くから東西交流の要でした。**井伊氏**(いい)の居城である彦根城は、1604年から建設が始まり、天守などの建物や石垣の石などはほかの城のものを流用しながら、江戸幕府の全面的な支援を受けて完成しました。

彦根城には国宝の天守だけでなく、櫓(やぐら)や馬屋(うまや)、御殿(ごてん)、石垣、庭園、藩校(はんこう)跡などが残されており、大きな戦(いくさ)がなかった江戸時代の平和な時代を支えた藩体制の政治の仕組みがよくわかります。

文化遺産 奈良県

飛鳥・藤原の宮都とその関連資産群

暫定リスト記載年
2007年

6世紀末期から8世紀初頭の約100年という短い期間に、日本の伝統的な文化と東アジアの先進文化を融合・発展させ、日本で初めて中央集権国家が誕生したことを示す遺産です。

藤原宮跡(ふじわらきゅうせき)や飛鳥宮跡(あすかきゅうせき)などの「宮殿跡」、橘(たちばなでら)寺跡や山田寺跡などの「仏教寺院跡」、キトラ古墳や牽牛子塚(けんごしづか)古墳、高松塚(たかまつづか)古墳、**石舞台古墳**(写真)などの「墳墓」、大和三山などの20の資産で構成されています。

文化遺産 神奈川県

古都鎌倉の寺院・神社ほか

暫定リスト記載年 1992年

12世紀末、源頼朝(みなもとのよりとも)は日本で最初の武家政権である鎌倉幕府を鎌倉の地で開きました。三方を丘陵(きゅうりょう)に囲まれ、南を海に面している鎌倉の地形は、天然の要塞(ようさい)としての特徴を備えていました。鎌倉は、幕府発足以降150年にわたり、政治と経済、文化の中心地として、武家文化と鎌倉仏教を発展させました。

2012年に「武家の古都・鎌倉」として推薦されましたが、専門機関のICOMOS(イコモス)から「不登録勧告」を受け、推薦書を取り下げました。

文化遺産 岩手県

平泉 − 仏国土(浄土)を表す建築・庭園及び考古学的遺跡群 −(拡張申請)

暫定リスト記載年 2012年

2011年、平泉(ひらいずみ)は構成資産を5件に絞(しぼ)って世界遺産登録されました。現在は奥州藤原氏(おうしゅうふじわらし)の政治や行政の中心であった「**柳之御所遺跡**(やなぎのごしょ)」や、京都の清水寺を模した毘沙門堂(びしゃもんどう)が残る「達谷窟(たっこくのいわや)」(写真)、中尊寺の荘園(しょうえん)跡である「骨寺村(ほねでらむら)荘園遺跡」、中世後期の白鳥(しらとり)氏の城館遺跡である「白鳥舘(たて)遺跡」など5資産を、浄土(じょうど)世界の理解を深めるものとして、追加登録を目指しています。

現在、世界遺産委員会で充分な審議を行うために、各国から推薦できる遺産の数が、文化遺産と自然遺産を合わせて1件までとなっています。

日本からは、2024年★の登録を目指して「佐渡島の金山」の推薦書が世界遺産センターに提出されており、その次の登録を目指して「彦根城」と「飛鳥・藤原の宮都とその関連資産群」が、それぞれ推薦書素案を文化庁に提出しています。また既に世界遺産登録されている遺産でも、登録範囲を拡大する場合は再び暫定リストに記載される必要があります。そのため、2011年に世界遺産登録されている『平泉ー仏国土（浄土）を表す建築・庭園及び考古学的遺跡群ー』は、構成資産の追加を目指して再び暫定リストに記載され、推薦を受ける準備が進められています。

世界遺産に登録されるまで

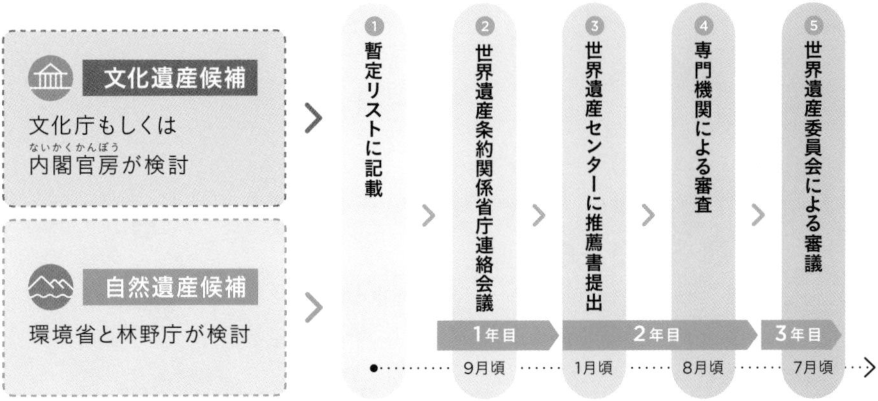

1 世界遺産登録★を目指す日本の文化財や建造物、自然などは、まず「暫定リスト」に記載される必要があります。文化遺産候補であれば文化庁もしくは内閣官房が、自然遺産候補であれば環境省と林野庁が暫定リストへの記載を検討します。

2 「**世界遺産条約関係省庁連絡会議**」で、暫定リストに記載された遺産の中から、推薦する遺産★を選出します。

3 閣議了解をへて日本から推薦する遺産を最終決定し、2月1日までにユネスコの**世界遺産センター**へ推薦書を提出します。

4 文化遺産と自然遺産、それぞれで専門機関が現地調査を行い、審査します。

5 専門機関の審査結果を基に、21ヵ国で構成される**世界遺産委員会**で審議し、世界遺産に登録するか否かを決定します。

【2024年】「佐渡島の金山」は、2023年の登録を目指して世界遺産センターに推薦書が提出されていたが、内容に不備があったため一度取り下げられ、2023年1月に再提出、2024年の世界遺産委員会で登録された。**【世界遺産登録】**世界遺産リストに記載されること。**【推薦する遺産】**文化遺産と自然遺産を合わせて1ヵ国1件が推薦の上限となる。

3 世界の世界遺産

1 モン・サン・ミシェルとその湾 P.124
2 アテネのアクロポリス P.126
3 メンフィスのピラミッド地帯 P.127
4 万里の長城 P.130
5 ローマの歴史地区と教皇領 P.125
6 ヴィクトリアの滝 P.128
7 サガルマータ国立公園 P.129

2024年9月時点で、世界（日本以外）には1,223件の世界遺産があり、その半数近くがヨーロッパ地域に集中しています。

※スペースの関係上、遺産名を短縮しているものもあります。

● 文化遺産
● 自然遺産
● 複合遺産
□ 複数の国にまたがる遺産

モン・サン・ミシェルとその湾

Mont-Saint-Michel and its Bay

文化遺産

登録年 1979年 範囲変更2007年、2018年　登録基準 ①③⑥

登録基準⑥
修道院と湾に
聖ミカエルの
伝説が息づく、
信仰の価値

モン・サン・ミシェルにある聖堂の尖塔の先には、金の聖ミカエル像が輝く。

708年のある夜、フランス北西部に住むオベール司教の夢に**聖ミカエル**★が現れ、「あの岩山に聖堂を建てよ」と告げます。お告げに従い岩山に聖堂を建てると、一夜にして岩山の周りに潮が満ち、海に囲まれた孤島となりました。この伝説により、この地は**モン・サン・ミシェル**★と名づけられ、キリスト教の聖地となっています。

966年にベネディクト会が修道院を建て、その後も修道院の増改築や聖堂の建設などが行われました。また、14世紀に始まる英仏の百年戦争では、フランスの要塞として城壁や塔が築かれました。

島へ渡る堤防道路が潮の流れを妨げ湾内に土砂がたまったため、堤防道路を取り除き橋に置き換える工事が行われ、2014年にかつての景観を取り戻しました。

↑聖ミカエルはオベール司教の額（ひたい）に指をあて、お告げが夢ではないことを伝えた。

【聖ミカエル】三大天使のひとりとされる聖ミカエルは、天使の軍団の軍団長として、鎧(よろい)を身につけて戦う姿で描かれることも多い。**【モン・サン・ミシェル】**フランス語で「モン」は山、「サン・ミシェル」は聖ミカエルを意味する。

ローマの歴史地区と教皇領、サン・パオロ・フォーリ・レ・ムーラ聖堂

Historic Centre of Rome, the Properties of the Holy See in that City Enjoying Extraterritorial Rights and San Paolo Fuori le Mura

文化遺産　登録年　1980年／範囲拡大1990年／範囲変更2015年、2023年　登録基準　①②③④⑥

登録基準③
ローマ帝国の繁栄と歴史を伝える、時代を証明する価値

約５万人を収容できるコロッセウムでは、剣闘士と猛獣の格闘などの見世物が行われた。

ローマには、オオカミに育てられた双子の兄弟にまつわる建国神話があります。双子の大叔父アムリウスは、王であるヌミトルから王位を奪い、ヌミトルの孫である生まれたばかりの双子を川に流して殺そうとしました。川の精霊に助けられ、オオカミの乳で育った双子の**ロムルス**とレムスは、のちに復讐を果たし、兄のロムルスがローマを築いたとされています。ローマの名は、ロムルスに由来します。

世界遺産には、教皇ウルバヌス８世が築いた城壁内にある、ローマ発祥の地とされる七つの丘★や、**コロッセウム**、フォロ・ロマーノなど古代ローマ★の遺構のほか、城壁外にあるサン・パオロ・フォーリ・レ・ムーラ聖堂★などヴァティカン市国の遺産も含まれています。

古代ローマの公共広場であるフォロ・ロマーノ。演説や集会、祭祀、皇帝や将軍の凱旋行進などが行われた。

【七つの丘】紀元前８世紀ごろにラテン人が都市国家を築いた丘。フォロ・ロマーノのそばにあるパラティーノの丘は歴代ローマ皇帝の宮殿が置かれ、「パレス」の語源となった。**【古代ローマ】**都市国家から始まり、最盛期には地中海世界全域を支配する帝国となった。**【サン・パオロ・フォーリ・レ・ムーラ聖堂】**構成資産で唯一城壁の外にある聖堂。名前は、イタリア語で「城壁の外の聖パウロ聖堂」という意味。

ギリシャ共和国

アテネのアクロポリス

Acropolis, Athens

文化遺産

登録年 1987年　登録基準 ①②③④⑥

登録基準④
世界の文化に影響を与えた古代ギリシャの建築の価値

アクロポリス（小高い丘）に築かれたパルテノン神殿は、ユネスコのマークのモデルにもなっている。

アテネという地名は、女神**アテナ**★に由来します。ギリシャ神話によると、この地方の守護神の座をめぐって海の神ポセイドン★と、知恵と戦いの女神アテナが争い、市民に喜ばれる贈り物をした方が守護神の座につくことになりました。ポセイドンが三叉（みつまた）の矛（ほこ）で岩を打ち海水の泉を湧（わ）き出させたのに対し、アテナは大地に杖（つえ）を突いてオリーヴの樹を芽生えさせました。人々は、飲むことのできない海水（塩水）の泉よりも、実を食用に使え、陽射しの厳しい夏には木陰で休むこともできるオリーヴの樹を選び、アテナが守護神となったのです。

女神アテナにささげられた**パルテノン神殿**には、黄金比★やエンタシス★など、ギリシャ人の建築技術の高さや美意識がよく表れています。

↑パルテノン神殿は、さまざまな箇所が黄金比になっていると考えられている。

【アテナ】オリンポス12神の一神で、知恵と芸術、戦いの女神。最高神ゼウスの頭から生まれたとされる。**【ポセイドン】**オリンポス12神の一神で、海の神。ゼウスの兄。**【黄金比】**最も美しいとされる比率。近似値は1：1.618。**【エンタシス】**見た目に安定感を与えるデザイン。くわしくはP.068-069を参照。

メンフィスのピラミッド地帯

Memphis and its Necropolis – the Pyramid Fields from Giza to Dahshur

文化遺産　登録年 1979年　登録基準 ①③⑥

登録基準①
古代エジプトの
ピラミッドが示す
人類の創造的
才能の価値

平均2.5tもの巨大な石を、どのように運び積み上げたのかはわかっていない。

クフ王のピラミッド内部

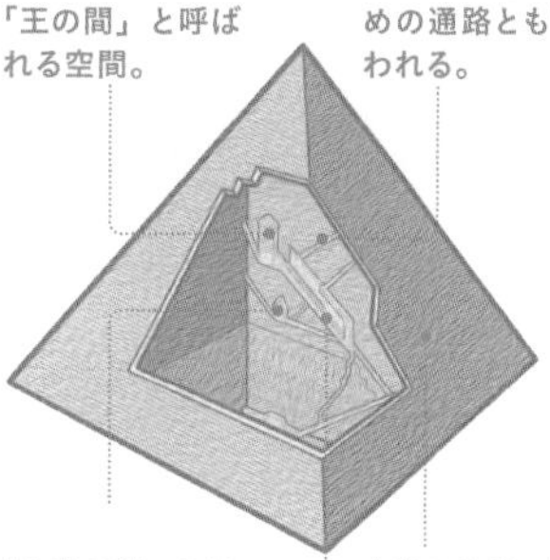
蓋(ふた)のない石棺(せっかん)だけが置かれた、「王の間」と呼ばれる空間。
通気孔(こう)は、王の魂が天に昇るための通路ともいわれる。
「女王の間」には王の霊魂(れいこん)「カー」の像が置かれたとの説がある。
本来の入口。現在は封鎖されている。
大回廊は9mもの高さがある。

エジプトの首都カイロ近郊にあるギザからダハシュールまで、古代の都メンフィスを中心としたナイル川西岸の20kmほどの地域に、ピラミッドなど約30の歴史的建造物が点在しています。

なかでも有名なのは、ギザにある三大ピラミッド★。いずれもつくられたのは紀元前2500年ごろで、日本では縄文時代にあたります。最大の大きさを誇(ほこ)る**クフ王のピラミッド**は、約230万個もの巨石を用いた一辺約230mの正四角錐(せいしかくすい)で、高さは137m★もあります。ピラミッドは王の墓であると考えられていますが、正確な建造目的や建造方法はいまだにわかっていません。また、周囲で労働者の住居跡や墓も見つかり、ピラミッドの建造は農閑期(のうかんき)の**国家公共事業**であったという説が有力です。

【三大ピラミッド】クフ王、カフラー王、メンカウラー王のピラミッド。有名な半人半獣(はんじんはんじゅう)のスフィンクスは、カフラー王のピラミッドの前にある。**【137m】**建造時の高さは約150mあったとされる。

ザンビア共和国及びジンバブエ共和国

ヴィクトリアの滝（モシ・オ・トゥニャ）

Mosi-oa-Tunya / Victoria Falls

自然遺産　登録年 1989年　登録基準 ⑦⑧

登録基準⑧
大地を削り
流れ落ちる滝が
見せる地球の
歴史の価値

雄大なザンベジ川の流れが、高々と水煙を上げながら大地の割れ目に流れ込んでゆく。

ザンベジ川★が大地の割れ目に、激しいごう音とともに流れ落ちるヴィクトリアの滝は、その滝幅が最大で1,700m以上あり、水量は雨季だと毎分5億ℓにもなります。その水量で数百万年の年月をかけて玄武岩の大地を削り、現在でも滝の位置を少しずつ上流へと変化させています。かつての滝★のあとは深い峡谷となり、まるで長い年月をかけて深く刻まれた、地球の皺のように見えます。

1855年にこの滝を訪れたイギリスの探検家**デイヴィッド・リヴィングストン**★は、この滝の美しく荘厳な姿に圧倒され、現地の人々が「**モシ・オ・トゥニャ**（ごう音を響かせる水煙）」と呼ぶこの滝を、母国の女王の名前にちなんで「ヴィクトリアの滝」と命名しました。

↑滝の周辺は水煙による豊かな降水で、900種以上の植物が生育するほか、セーブルアンテロープ（写真）など多くの動物も生息している。

【ザンベジ川】アフリカで４番目に長い川。ザンベジ川の中流域にあるヴィクトリアの滝は、北のザンビアと南のジンバブエの国境にあたり、トランスバウンダリー・サイト（国境を越える遺産）となっている。**【かつての滝】**当初の滝は現在よりも80kmほど下流にあった。かつての滝の跡は、ジグザグに残るいくつもの峡谷となっている。**【デイヴィッド・リヴィングストン】**キリスト教の宣教師として３度にわたりアフリカ奥地への探検を行った。

ネパール

サガルマータ国立公園

Sagarmatha National Park

自然遺産

登録年 1979年　登録基準 ⑦

登録基準⑦
世界最高峰の
山と周囲の
自然が生み出す
自然美の価値

ヒマラヤはサンスクリット語で「雪の住みか(居所)」という意味。

サガルマータ国立公園は、標高8,848mの世界最高峰サガルマータ★を中心とする山岳公園。標高3,500～5,000m付近には少数民族の**シェルパ族**★が生活しており、チベット仏教の僧院(ゴンパ)や集落が点在しています。

サガルマータを含む**ヒマラヤ山脈**は、7,000～8,000m級の山々が連なる、地球上で最も標高が高い地域ですが、太古の時代には海底にありました。山脈は、約4,500万年前、インド亜大陸★が北上してユーラシア大陸にぶつかり、隆起してできたものです。山頂付近の「イエロー・バンド」と呼ばれる地帯では、海底にあったことを裏づける貝などの化石が発見されています。インド亜大陸の北上は現在も続き、山脈の隆起も続いています。

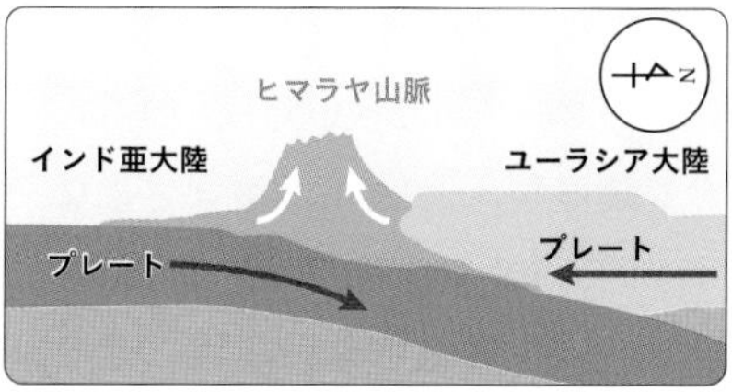

↑インド亜大陸とユーラシア大陸のプレートがぶつかった際、間にあった海の底の堆積層は軽かったので、プレートの下に沈まずに隆起して、ヒマラヤ山脈を形成した。

【サガルマータ】ネパール語で「世界の頂上」の意味。ヒマラヤ山脈北部のチベットでは「チョモランマ(世界の母神)」と呼ばれる。英語名の「エヴェレスト」は、この山を世界最高峰と認定したインドの測量局長官の名前に由来する。**【シェルパ族】**17～18世紀にチベットから移住してきたとされる人々。近年はヒマラヤ登山のガイドやポーター(荷物の運搬人)を多く務めている。**【インド亜大陸】**インドとその周辺国を含む半島。大陸移動説では、かつては独立した大陸であったとされる。

万里の長城

The Great Wall

文化遺産

登録年 1987年　登録基準 ①②③④⑥

登録基準②
北方民族との対立と文化交流の歴史を伝える価値

山をはう龍のようにも見える万里の長城。

紀元前8～前5世紀に築かれ始めた砦をつなぎ合わせ、万里の長城の原型をつくったのは**秦の始皇帝**です。北方遊牧民族である匈奴★の侵入を防ぐため、土や日干しレンガを使って前3世紀に長城を完成させました。その後、さまざまな王朝によって改修や増築が繰り返され、焼成レンガ★を用いた現在の形になったのは16世紀の明朝後期のことです。

馬や兵士が移動する広い通路や、敵と一対一で戦う狭い階段、のろし台や銃眼など、城壁にはさまざまな軍事的工夫がなされ、要所には「山海関」や「嘉峪関」などの関城★もつくられました。その一方で、明朝の時代には関城で定期的に市場が開かれ、**北方民族との文化交流の場**としての役割も果たしました。

万里の長城の断面図（明朝）

← 土台に大きな石を使い、中には砂利や小石、土をつき固めて、城壁は強固な焼成レンガで覆った。高さは平均で約8m。騎馬兵でも越えることはできない。

【匈奴】モンゴル高原で活躍した遊牧騎馬民族。**【焼成レンガ】**粘土を高熱で焼き固めたレンガ。**【関城】**見張台などを備えた防衛施設。

自由の女神像

Statue of Liberty

文化遺産

登録年 1984年　登録基準 ①⑥

登録基準①
19世紀の鋼鉄
技術の粋を集めた
最高傑作としての価値

右手のたいまつを高く掲げ、左足を力強く踏み出している。

女神像は、1884年にパリで完成したあと分解して船で運ばれ、1886年にニューヨーク湾のリバティ島に立てられた。

19世紀、新天地アメリカに移住してくるヨーロッパの人々がまず目にしたのは、ニューヨーク港に立つ自由の女神像でした。「**世界を照らす自由**」という正式名をもつ女神像は、まさに自由と希望のシンボルだったのです。

フランスの法学者で政治家のラブライエが、**アメリカ合衆国独立100周年**を記念して女神像を贈ることを提案し、彫刻家バルトルディが制作を担当しました。風の強い海辺につくるため、フランスの技術者で建築家のエッフェル★が、女神像の内部に鋼鉄製の骨組みを組み、それを銅板で覆うという、当時としては画期的な技術を考案し、それが用いられました。

女神は、右手に希望を象徴するたいまつ、左手に独立宣言書★をもっており、踏み出した左足では奴隷制や専制政治を象徴する鎖を踏みつけています。

【エッフェル】ギュスターヴ・エッフェルは、鋼鉄の構造を得意とする建築家。パリのエッフェル塔を設計したことで有名。
【独立宣言書】1776年7月4日に、アメリカ東部の13州が英国からの独立を宣言した文書。女神像がもつ独立宣言書には、英語とローマ数字で「1776年7月4日」と書かれている。

ペルー共和国

ナスカとパルパの地上絵

Lines and Geoglyphs of Nasca and Palpa

文化遺産

登録年 1994年　登録基準 ①③④

登録基準③
大地に描かれた
巨大な絵が示す
古代文明の証拠
の価値

ハチドリの地上絵。年間降水量が10mm以下の乾燥地帯のため、この地の絵は消えずに残っている。

太平洋とアンデス山脈に挟まれたナスカとパルパには、700以上の巨大な地上絵があります。地上からは全体を見ることのできないほど大きな絵は、20世紀初頭から、この地を飛行するパイロットの間では有名でした。

地上絵は、猿やコンドル、クモなどの動物や植物のほか、直線や三角形、渦(うず)巻きといった幾何学図形などさまざまです。**ナスカ文化**★を築いた人々が、紀元前2～紀元7世紀ごろに描いたと考えられていますが、その方法や制作理由にはいくつもの謎が残されています。

数多くの地上絵を発見し保護したのは、ドイツ人数学者の**マリア・ライヘ**★です。私財を投じ、政府に保護を訴えるなど、彼女は生涯を地上絵の解明と保護にささげました。地上絵は現在、気候変動やハイウェイ建設などの危機に直面しています。

地上絵の描き方

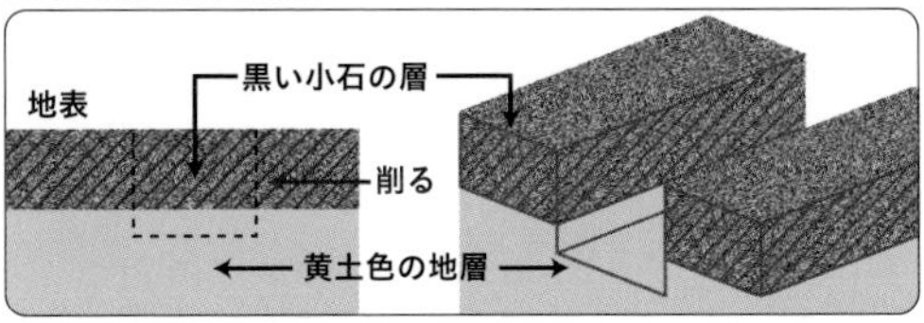

↑この地域は、黄土色の地層の上を5～10cmほどの黒い小石や土の層が覆(おお)っているため、表面を削るだけでくっきりとした地上絵を描くことができた。

【ナスカ文化】アンデス文明のひとつ。灌漑(かんがい)施設などをもち、狩猟や農業を行っていた。**【マリア・ライヘ】**1903年生まれ。1940年にナスカの地上絵を発見して以来、地上絵の研究と保護に尽力した。

アルゼンチン共和国

ロス・グラシアレス国立公園

Los Glaciares National Park

自然遺産　登録年 1981年　登録基準 ⑦⑧

登録基準⑦
結氷と崩落を
繰り返す青き
大氷河が生み出す
絶景の価値

夏には氷河の端がたびたび崩落するペリト・モレノ氷河。

ごう音を響(ひび)かせながら湖に崩れ落ちる氷河。南アメリカ大陸の南の端、チリとの国境に広がるパタゴニア地方のロス・グラシアレス国立公園には、地球は生きていると感じさせる雄大な大氷河地帯が広がっています。ロス・グラシアレスとはスペイン語で「氷河」の意味で、最大のウプサラ氷河や、最も活動的★な**ペリト・モレノ氷河**など大型の氷河が47、小型の氷河が200以上もある、世界第3位の大きさを誇(ほこ)る氷河地帯です。

偏西風(へんせいふう)★で運ばれた湿った空気がアンデス山脈にぶつかって雪を降らせ、一年中降り積もります。その重みで雪が圧縮され、空気の少ない青い氷河★をつくり上げるのです。一方で、冬でもあまり気温が下がらないため、氷河は解けたり凍ったりを短期間に繰り返して動きます。

フィッツ・ロイ山。ロス・グラシアレス国立公園には氷河のほか、パンパと呼ばれる草原や急峻(きゅうしゅん)な山も含まれる。

【最も活動的】氷河は通常、年に数mしか動かないが、ペリト・モレノ氷河は年間600〜800mも移動する。**【偏西風】**緯度30〜60度の地域の上空で、つねに吹いている西風。ジェット気流ともいう。**【青い氷河】**ロス・グラシアレスの氷河は、氷の中の空気が少なく、透明度が高い。そのため波長の短い青い光をよく反射し、氷河全体が青く見える。

4 くらべてみよう

世界遺産には、世界を代表する高い建造物や高い山、落差の大きな滝などが登録されています。ここでは有名な建造物や山、滝の大きさ、そして宗教別の遺産数をくらべてみましょう。

※トップ10、トップ5ではありません。
※遺産名・地名などについている仮名符号ア～ラは、P.140～141の地図と対応しています。

いつか行ってみたい！ 世界遺産の建造物 高さくらべ

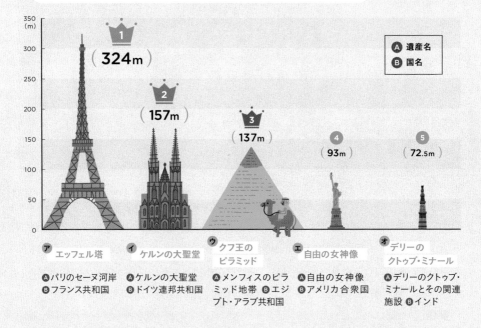

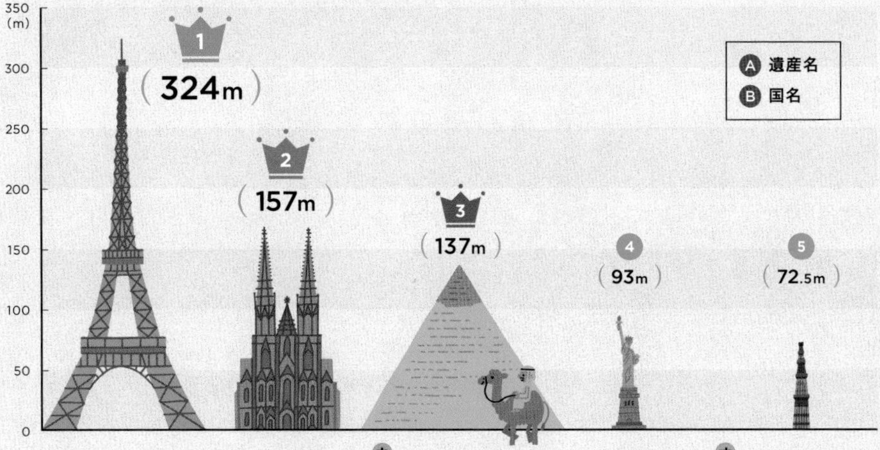

ア エッフェル塔
Aパリのセーヌ河岸 Bフランス共和国

イ ケルンの大聖堂
Aケルンの大聖堂 Bドイツ連邦共和国

ウ クフ王のピラミッド
Aメンフィスのピラミッド地帯 Bエジプト・アラブ共和国

エ 自由の女神像
A自由の女神像 Bアメリカ合衆国

オ デリーのクトゥブ・ミナール
Aデリーのクトゥブ・ミナールとその関連施設 Bインド

	対象物件	遺産名	国名	高さ
6	ノートル・ダム大聖堂 カ	ストラスブールの旧市街：グラン・ディル	フランス共和国	142m
7	ビッグ・ベン キ	ウェストミンスター宮殿、ウェストミンスター・アビーとセント・マーガレット教会	英国	96m
8	アンコール・ワットの中央祠堂（しどう） ク	アンコールの遺跡群	カンボジア王国	65m
9	東寺五重塔 ケ	古都京都の文化財	日本国	55m
10	エル・カスティーリョ コ	チチェン・イツァの古代都市	メキシコ合衆国	24m

▶いつか登ってみたい! 世界遺産の山 高さくらべ

Ⓐ遺産名
Ⓑ国名

1
(8,848m)

サ サガルマータ
(エヴェレスト)

Ⓐサガルマータ国立公園
Ⓑネパール

2
(7,816m)

シ ナンダ・デヴィ山

Ⓐナンダ・デヴィ国立公園と花の谷国立公園
Ⓑインド

3
(7,495m)

ス イスモイル・ソモニ峰

Ⓐタジキスタン国立公園
Ⓑタジキスタン共和国

4
(7,443m)

セ トムール山

Ⓐ新疆天山
Ⓑ中華人民共和国

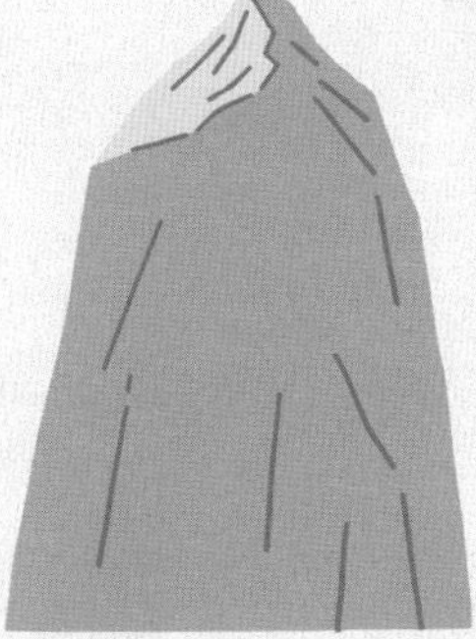

5
(6,768m)

ソ ウアスカラン山

Ⓐウアスカラン国立公園
Ⓑペルー共和国

いつか見てみたい！　世界遺産の滝 落差くらべ

Ⓐ 遺産名
Ⓑ 国名

1
（979m）

タ
アンヘルの滝

Ⓐカナイマ国立公園
Ⓑベネズエラ・ボリバル共和国

2
（739m）

チ
ヨセミテ滝

Ⓐヨセミテ国立公園
Ⓑアメリカ合衆国

3
（580m）

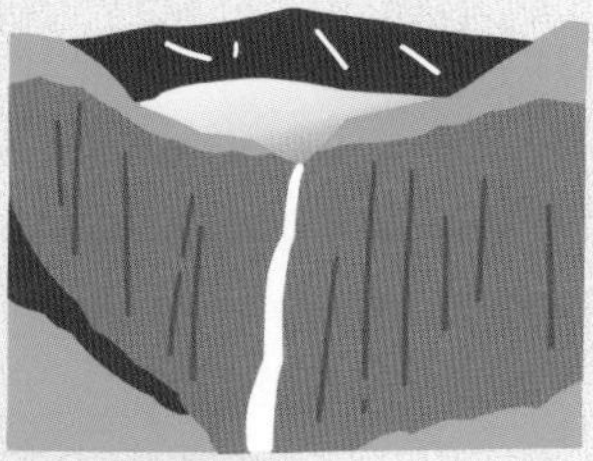

ツ
サザーランド滝

Ⓐテ・ワヒポウナム
Ⓑニュージーランド

4
（110〜150m）

テ
ヴィクトリアの滝（モシ・オ・トゥニャ）

Ⓐヴィクトリアの滝（モシ・オ・トゥニャ）
Ⓑザンビア共和国及びジンバブエ共和国

5
（80m）

ト
イグアスの滝

Ⓐイグアス国立公園
Ⓑアルゼンチン共和国／ブラジル連邦共和国

こんなにあるよ！　宗教別世界遺産の数

※複数の宗教施設がある歴史地区や都市などは含まれません。

資料

世界遺産がどのように増えていったのか、どの国がたくさんの世界遺産をもっているのか見てみましょう。また、危機に直面している遺産について考えたり、遺産が登場する映画を観たり、世界遺産を窓口に関心を広げることも大切です。

※2024年9月時点の情報です。

▶登録数の推移

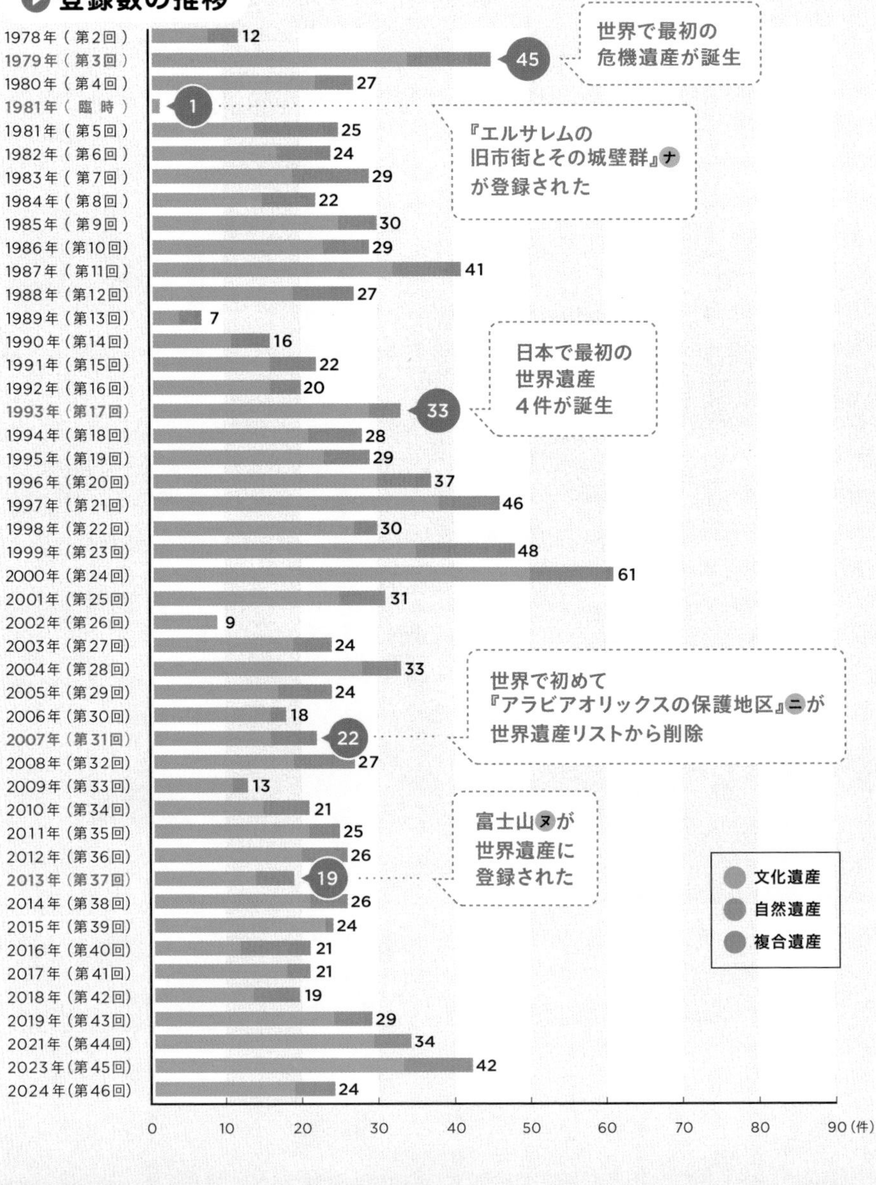

▶ 国別遺産数

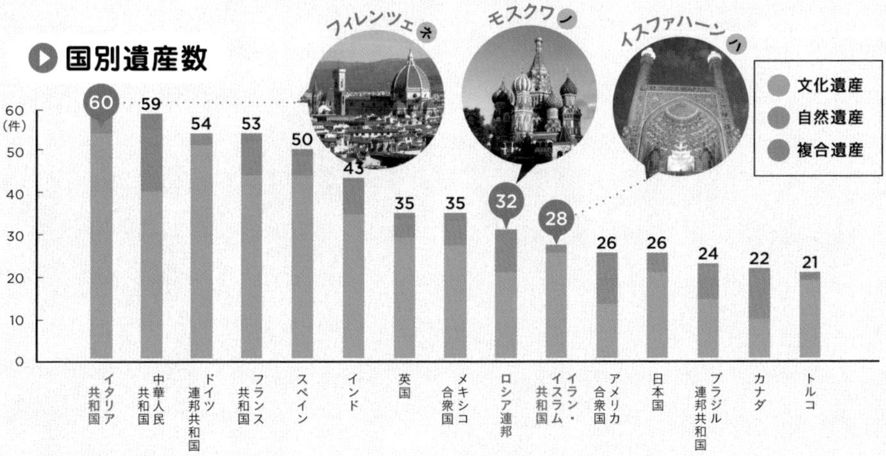

▶ 特徴的な危機遺産

Ⓐ 危機の原因 Ⓑ 国名 Ⓒ 分類 Ⓓ 世界遺産登録年 Ⓔ 危機遺産登録年

バーミヤン渓谷の文化的景観と古代遺跡群

Ⓐ宗教対立・紛争 Ⓑアフガニスタン・イスラム共和国 Ⓒ文化 Ⓓ2003 Ⓔ2003 ヒ

アレッポの旧市街

Ⓐ紛争・遺産破壊 Ⓑシリア・アラブ共和国 Ⓒ文化 Ⓓ1986 Ⓔ2013 フ

ガランバ国立公園

Ⓐ密猟 Ⓑコンゴ民主共和国 Ⓒ自然 Ⓓ1980 Ⓔ1996 ヘ

エルサレムの旧市街とその城壁群

Ⓐ宗教対立・観光被害・都市開発 Ⓑエルサレム(ヨルダン・ハシェミット王国による申請遺産) Ⓒ文化 Ⓓ1981 Ⓔ1982 ナ

伝説の都市トンブクトゥ

Ⓐ紛争・遺産破壊 Ⓑマリ共和国 Ⓒ文化 Ⓓ1988 Ⓔ2012 ホ

ウィーンの歴史地区

Ⓐ都市開発・景観悪化 Ⓑオーストリア共和国 Ⓒ文化遺産 Ⓓ2001 Ⓔ2017 マ

エヴァーグレーズ国立公園

Ⓐ環境悪化・生態系危機 Ⓑアメリカ合衆国 Ⓒ自然 Ⓓ1979 Ⓔ2010 ミ

『落下の王国』(イラスト)

▶ 映画に登場する世界遺産

映画タイトル	遺産名	国名	映画の概要
ラストエンペラー(1987)	北京と瀋陽の故宮 ム	中華人民共和国	3歳で即位した清朝最後の皇帝溥儀(ふぎ)の激動の生涯を描く。
シンドラーのリスト(1993)	アウシュヴィッツ・ビルケナウ:ナチス・ドイツの強制絶滅収容所(1940-1945) メ	ポーランド共和国	第二次世界大戦中にドイツ人実業家がユダヤ人などを救った実話。
モーターサイクル・ダイアリーズ(2004)	クスコの市街/マチュ・ピチュ/リマの歴史地区ほか モ	ペルー共和国ほか	南米を旅した若き日の革命家チェ・ゲバラを描く青春映画。
マリー・アントワネット(2006)	ヴェルサイユ宮殿と庭園 ヤ	フランス共和国	フランス王家に嫁いだアントワネットを等身大の少女として描く。
落下の王国(2006)	タージ・マハル/イスタンブルの歴史地区/万里の長城/デリーのフマユーン廟ほか ユ	インドほか	大けがをしたスタントマンが少女に話して聞かせた壮大な物語。
星の旅人たち(2010)	サンティアゴ・デ・コンポステーラ/サンティアゴ・デ・コンポステーラの巡礼路 ヨ	スペイン	亡き息子に代わり巡礼の道を歩く父が息子の死を乗り越える物語。
沈黙(2017)	長崎と天草地方の潜伏キリシタン関連遺産 ラ	日本	キリシタン弾圧と西欧人司祭を通して信仰とは何かを問う物語。

※地図上の仮名符号はP.134〜139の遺産名・地名などと対応しています。